普通高等教育“十四五”规划教材
生物科学类专业系列教材

微生物学实验指导

第2版

陈晓琳　主编

中国农业大学出版社
·北京·

内容简介

本教材在传统验证性实验的基础上，适当增加了一定比例的综合性、设计性实验，融合了微生物实验基本操作技术的数字化资源。全书共分 3 部分 35 个实验，包括微生物学基本实验技术、应用微生物学实验和微生物学综合大实验，以及 50 多个基本操作视频，对于一些传统经典而有特色的实验和方法仍作保留。书后附有教学常用培养基、常用染色液及主要试剂等内容，供读者查阅学习。

本教材适用于高等院校及专科院校生物学、农学、林学等相关专业的本科教学实验，也可供高等师范院校、综合性大学相关领域的科技工作者参考使用。

图书在版编目(CIP)数据

微生物学实验指导/陈晓琳主编. -- 2 版. -- 北京：中国农业大学出版社，2024.8.
ISBN 978-7-5655-3271-9

Ⅰ. Q93-33

中国国家版本馆 CIP 数据核字第 202492262H 号

书　　名　微生物学实验指导　第 2 版
Weishengwuxue Shiyan Zhidao

作　　者　陈晓琳　主编

策划编辑　赵　艳　　**责任编辑**　赵　艳　刘艳平
封面设计　郑　川　李尘工作室
出版发行　中国农业大学出版社
社　　址　北京市海淀区圆明园西路 2 号　　**邮政编码**　100193
电　　话　发行部 010-62733489，1190　　读者服务部 010-62732336
编辑部 010-62732617，2618　　出　版　部 010-62733440
网　　址　http://www.caupress.cn　　**E-mail** cbsszs@cau.edu.cn
经　　销　新华书店
印　　刷　河北朗祥印刷有限公司
版　　次　2024 年 8 月第 2 版　　2024 年 8 月第 1 次印刷
规　　格　170 mm×228 mm　　16 开本　　11 印张　　202 千字
定　　价　33.00 元

第2版编审人员

主　编　陈晓琳（安徽农业大学）

副主编　孙乐妮（安徽农业大学）
韩国民（安徽农业大学）
方　雪（合肥师范学院）

参　编　（按姓氏笔画排序）
王文辉（安徽农业大学）
邓瑞宁（安徽农业大学）
朱桂兰（合肥师范学院）
李冰冰（安徽农业大学）
杨恩东（安徽农业大学）
吴桂春（安徽农业大学）
宋志强（合肥师范学院）
陈　金（安徽农业大学）
周　鹏（合肥师范学院）
周明辉（合肥师范学院）
胡顺利（安徽农业大学）
倪敬田（安徽农业大学）
曹媛媛（安徽农业大学）
常　艳（安徽农业大学）
商　飞（安徽农业大学）
程孝中（合肥师范学院）
谢珊珊（安徽农业大学）
薛　挺（安徽农业大学）

主　审　赵海泉（安徽农业大学）

第 1 版编写人员

主　　编　赵海泉

副 主 编　陈晓琳　韩国民

编写人员　唐欣昀　张　明　倪敬田

曹媛媛　孙乐妮　薛　挺

常　艳　杨恩东　邓瑞宁

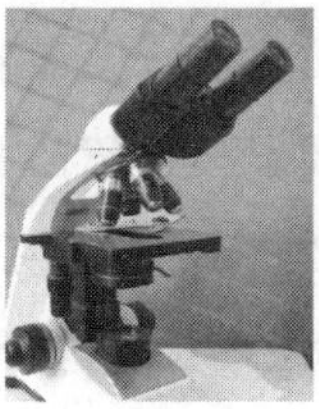

第2版前言

党的二十大报告明确指出，要加强基础学科建设。微生物学是生物科学类相关专业重要的学科基础课程，微生物学实验技术不仅是微生物学研究的必备技能，也是进行农业科学研究的重要手段。为了适应新形势下新农科人才培养的需求，掌握微生物学的基本原理、实验技术以及研究过程对学习微生物学非常重要。开设微生物学实验课程，不仅可以使学生加深对微生物学的基本原理、基础知识的理解，而且可培养学生的动手能力及分析问题和解决问题的能力。

本书强调微生物学的基础实验原理、基本技术和方法，可操作性强，实验材料简单易得，尽量避免使用昂贵的器材，实验注意事项中特别列出学生实验中易出错处及实验关键处，以提示指导。全书包括微生物学基本实验技术、应用微生物学实验和微生物学综合大实验，以及 50 多个基本操作视频，对于一些传统经典而有特色的实验和方法仍作保留。书后附有教学常用培养基、常用染色液及主要试剂等内容，供读者查阅学习。

为兼顾不同专业对微生物学知识与实验技能的需求，充分考虑学生的学习能力与兴趣差异，本书在内容编排上进行了 3 个层次划分，目的在于让学生逐步学习掌握微生物学实验的操作技能，巩固和加深学生对微生物学理论知识的理解，培养学生独立分析问题和解决问题的能力，锻炼学生的自学能力，启发和提高学生的创新能力和创造意识。

党的二十大报告强调，要加强教材建设和管理。为了适应学科的迅速发展和教学改革的要求，我们在本教材第 1 版的基础上进行了修订，新增了 2 个反映微生物学新技术的实验，对 20 多个实验的实验操作进行了修正，并借助互联网技术，增加了实验操作视频，巩固和加强学生对微生物学实验的操作技术，培养学生的动手能力及创新思维能力。

参加本次修订工作的单位有安徽农业大学和合肥师范学院，参加修订的人员都是从事微生物学一线教学和科研的骨干教师，在此对他们表示衷心的感谢！本书参考了国内一些优秀教材与资料，在此一并表示衷心的谢意！对同仁们在本书编写过程中给予的所有关心、支持与帮助表示衷心感谢！

由于编者水平有限，书中难免存在疏漏之处，敬请读者批评指正。

编　者

2024 年 3 月

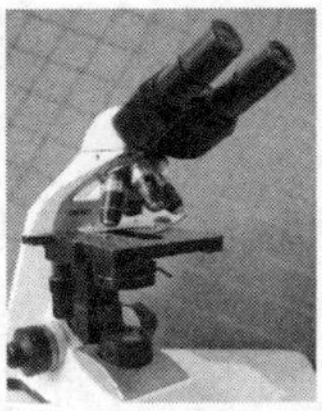

第1版前言

微生物学是生物科学类相关专业重要的学科基础课程，微生物学实验技术不仅是微生物学进展的基石，也是进行农业科学研究的重要手段。掌握微生物学的基本原理、实验技术以及研究过程对学习微生物学非常重要。开设微生物学实验课程，不仅可以使学生加深对微生物学的基本原理、基础知识的理解，而且可培养学生的动手能力及分析问题和解决问题的能力。

为适应学校的教学改革，在涉及微生物学各相关专业人才培养方案中，微生物学理论课与实验课教学时数进行了较大变动的情况下，审慎修订教学大纲，重新组织教学内容，积极提升教学手段，力求做到教学时数改变不影响教学质量提升，实验内容调整不影响学生动手能力培养，为此而修改编辑了这部《微生物学实验指导》。

本书在传统的验证性实验的基础上，增加了一定比例的综合性、设计性实验，包括微生物学基本实验技术、应用微生物学实验和微生物学综合大实验等，对于一些传统经典而有特色的实验和方法仍作保留。本书强调微生物学的基础实验原理、基本技术和方法，可操作性强，实验材料简单易得，尽量避免使用昂贵的器材，实验注意事项中特别列出学生实验中易出错处及实验关键处，以提示指导。书后附有教学常用培养基、常用染色液及封片剂等内容，供读者查阅。

为兼顾不同专业对微生物学知识与实验技能的需求，充分考虑学生的学习能力与兴趣差异，本书在内容编排上进行了 3 个层次划分，目的在于让学生逐步学习掌握微生物学实验的操作技能，巩固和加深学生对微生物学理论知识的理解，培养学生独立分析问题和解决问题的能力，锻炼学生的自学能力，启发和提高学生的创新能力和创造意识。

本书注重知识的系统性，力求做到编排合理、层次清晰、概念准确、内容简练、方法实用、便于教学。

本书包含了微生物学教研室全体教师们的丰富经验，同时也融合了编者多年从事微生物学教学实践的心得与对一些实验方法的改进所做的有效尝试。

书中借鉴了国内一些优秀教材与资料，在此表示衷心的谢意！对于同仁们给予本书编写的所有关心、支持与帮助表示衷心感谢！

微生物学实验室规则

1. 实验前需认真学习实验室安全条例，预习实验指导，明确实验目的和要求，了解实验的内容和基本原理，熟悉实验的步骤和操作方法。

2. 实验课需衣着整洁，不迟到、不早退、不无故旷课，自觉保持实验室的安静，不得大声谈笑、喧哗。

3. 实验课按安排座位入座，不得随意调换座位，随时注意保持实验室整洁，滤纸、废品等必须放入废物桶内。

4. 实验中要认真、严格操作，仔细观察，如实记录实验现象和数据，并认真分析问题、处理数据，独立、按时完成实验报告。

5. 使用精密、贵重仪器，必须了解其性能和操作方法，并在老师指导下操作。实验中因故损坏仪器、器皿，应及时报告，并要给予适当赔偿，对情节严重者给予纪律处分。

6. 实验中应注意节约物品，不得浪费；公用药品需按规定使用，用后及时放回原处，以备他人使用。

7. 凡涉及有危险性实验，实验人员应先检查防护措施，确认防护妥当后，方可进行实验。实验中不得擅自离开，实验完成后立即做好善后清理工作，以防事故发生。

8. 凡有害或有刺激性气体发生的实验应在通风柜内进行，加强个人防护，不得把头部伸进通风柜内。实验室所用的易燃物品，如乙醚、石油醚、乙醇等低沸点有机溶剂使用时严禁明火，远离火源。若需加热，不可直接在电炉上加热。

9. 腐蚀和刺激性药品，如强酸、强碱、氨水、过氧化氢、冰醋酸等，取用时尽可能戴上橡皮手套和防护眼镜，倾倒时，切勿直对容器口俯视。

10. 不使用无标签(或无标志)的试剂、样品等。

11. 实验室内严禁吸烟、饮食，以免误食有害物质。

12. 实验室内的一切公用物品，未经实验室负责人批准，严禁带出实验室，借用物品必须办理登记手续。

13. 实验结束，应及时洗涤实验器具，整理实验台面。

14. 值日生需处理当日实验废物，完成清洁卫生并检查水电安全(如水龙头是否关紧、电插头是否拔下、门窗是否关好)，待老师检查认可后方可离开实验室。

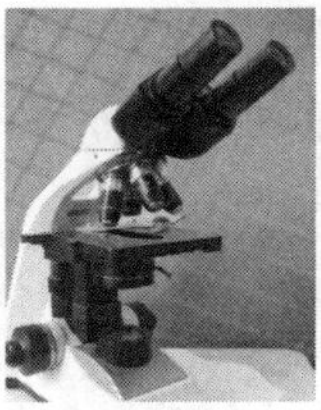

目　录

第一部分　微生物学基本实验技术

第二部分　应用微生物学实验

第三部分　微生物学综合大实验

第一部分
微生物学基本实验技术

实验1 微生物学实验的无菌操作

1.1 实验目的与原理

1. 目的

认识无菌操作的重要性,掌握无菌操作技术。

2. 原理

无菌操作是指防止外界杂菌污染,保证纯培养的技术操作。无菌操作不仅要防止外界杂菌的污染,也要防止接种的微生物扩散到环境中而污染环境。

微生物学实验中的许多工作,包括分离纯化、接种等,都需要在无菌或不被杂菌污染的条件下进行,才能保证做到纯培养。因此,无菌操作是微生物学实验的一项重要基本操作。

1.2 实验用品

1. 培养基

牛肉膏蛋白胨斜面培养基。

2. 器材

接种环、接种针、酒精灯等。

1.3 实验内容与操作

虽然由于工作目的和所用材料不同,无菌操作的具体操作(视频1)有所差异,

视频 1
无菌操作

但在基本动作上是一致的。如果学生实验室配备了超净工作台,可以使用超净工作台,降低污染的概率。图 1-1 所示的是在移植试管斜面菌种时的 4 个基本操作。操作要点如下:

(1)左手平托两支试管,拇指按住试管;外侧一支试管是斜面上长有菌苔的菌种试管;内侧一支是有空白斜面的试管。

(2)右手持接种环,用拇指、食指、中指把住接种环柄部。先垂直将环向下,在酒精灯(或煤气灯)火焰上将白金丝(或镍铅丝)烧红。然后将接种环金属杆在火焰上慢慢转动着烧灼,往复一次,特别是金属丝和金属杆接口处要稍微延长烧灼时间,金属杆烧到需进入试管的部分就行,而且不需烧红。因为当金属杆通过火焰被烧灼时,上面如果附有杂菌,不被杀死,也已被固定,不致造成污染(图 1-1、图 1-2)。

(3)将 2 支试管的上端并齐,管内斜面向上,靠近火焰(必要时也可使用 2 个灯焰)。用右手小指和掌心将 2 支试管的试管塞一并夹住,拔出试管塞后仍夹在手中,立即将 2 支试管的管口同时放到火焰上烧灼,但不要烧得太久。也可用右手小指和掌心夹住里侧试管的试管塞。拔出之后,将管口放到火焰上,再用无名指和小指夹住外侧试管的试管塞,拔下之后,将 2 支试管管口同时放到火焰上烧灼。

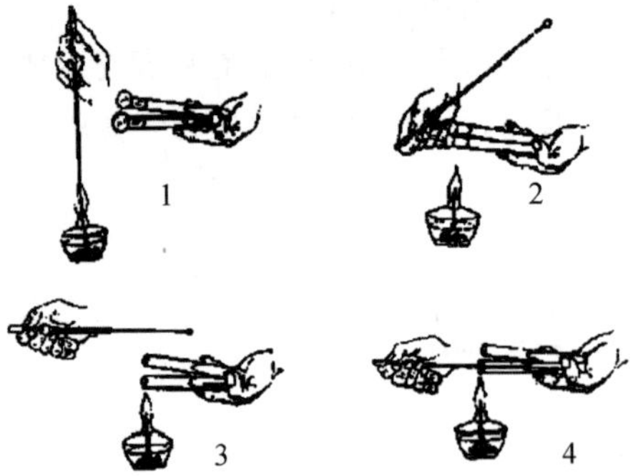

图 1-1　移植试管斜面菌种的基本操作

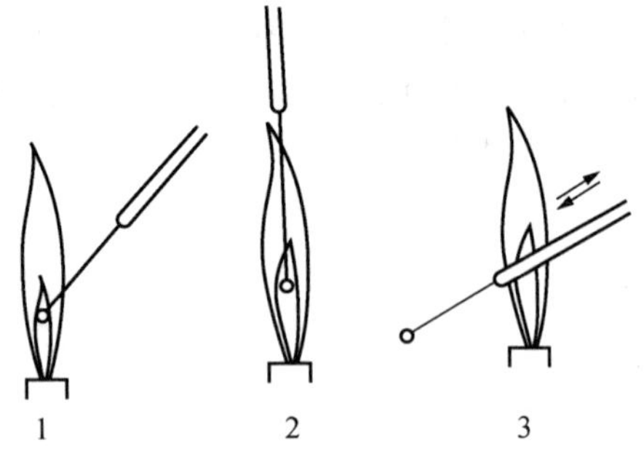

图 1-2　接种环或针的火焰灭菌

(4)将烧灼灭菌过的接种环伸入外侧的菌种斜面试管内,先把接种环的先端触及无菌苔的培养基或试管壁上,使接种环充分冷却,再根据需要,以接种环(或钩)蘸取少量菌体(注意勿刮破培养基)。然后小心地将蘸有菌体的接种环抽出试管,注意勿使接种环碰到管壁或管口。

(5)迅速将接种环伸入里侧的试管,将蘸有菌体的金属环落于空白斜面的底部,轻轻向上划线(直线或曲线,根据需要确定)。

(6)再次将 2 支试管的管口在火焰上烧灼,将试管塞底部通过火焰,把右手所持的两个试管塞一并或分别塞回各自的试管。

(7)将蘸有菌体的接种环在火焰上烧灼灭菌。应先在内焰中烧灼,使其干燥后,再在外焰中烧灼,以免菌体骤热,会使菌体爆溅,造成污染。

1.4 注意事项

(1)手与桌面要消毒。

(2)试管口(瓶口、培养皿开口)处,在火焰附近 3～5 cm 处操作。

(3)接种前后管口要烧灼灭菌。

(4)接种环接种前后要烧灼彻底。

(5)接种环刮取菌体时要完全冷却。

(6)接种环勿划破培养基表面,也勿将菌体碰到管壁上。

(7)试管塞不能触碰他物。

1.5 作业与思考题

(1)简述无菌操作的重要意义。

(2)无菌操作要注意什么问题?

实验2 油镜的使用

2.1 实验目的与原理

1. 目的

学习并掌握油镜的原理、使用方法和保养常识，复习普通光学显微镜的结构、各部分的功能和使用方法。

2. 原理

微生物的个体很小，要观察微生物个体的形态及其特殊的繁殖方式，需用放大倍数较高的显微镜。因此，显微镜的使用在微生物学工作中极其重要，只有正确掌握显微镜的低倍镜、高倍镜、油镜的使用方法，才能研究和观察微生物的形态。本实验通过对细菌染色涂片标本的观察、练习来掌握油镜的正确使用方法。

(1)光学显微镜的结构　光学显微镜是由机械系统和光学系统组成的(图 2-1 和视频 2)。

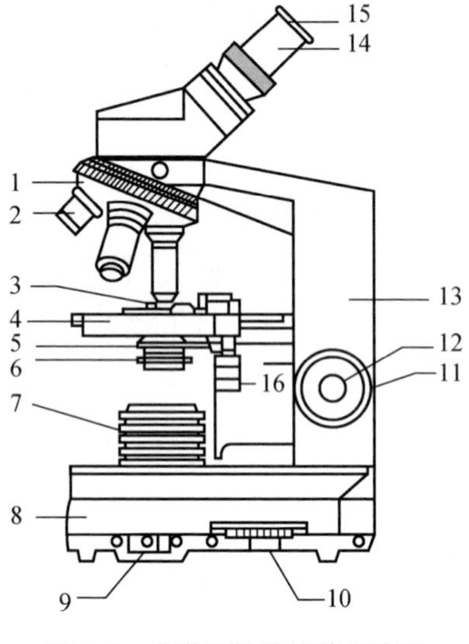

图 2-1　光学显微镜构造示意图

1. 物镜转换器　2. 物镜　3. 游标卡尺　4. 载物台　5. 聚光镜　6. 虹彩光圈　7. 光源　8. 镜座　9. 电源开关　10. 光源滑动变阻器　11. 粗调螺旋　12. 细调螺旋　13. 镜臂　14. 镜筒　15. 目镜　16. 标本移动螺旋

①机械系统：显微镜的机械系统是整个显微镜装配的骨架，是安装光学系统的基座。显微镜的机械部件包括镜座、载物台、粗调螺旋、细调螺旋、物镜转换器和镜筒等。

镜座：镜座是显微镜的基本支架，它由底座和镜臂两部分组成。在它上面连接有载物台和镜筒，它是用来安装光学放大系统部件的基座。

视频2
光学显微镜的基本结构

载物台：又称镜台，是载放被观察标本的地方。在用低倍镜观察样品时（如平皿上的菌落），用手移动样品就可以了。如用高倍镜或油镜观察时，用载物台上的压片夹固定样品。较好的显微镜则是用标本移动器（或称推进器），转动旋钮，可以使标本前、后、左、右移动。有的标本移动器带有标尺，可指明标本所在位置。

粗、细调螺旋：粗调螺旋和细调螺旋是调节镜筒或载物台上、下移动的装置，以达到调焦的目的。一般较好的显微镜，其粗、细调螺旋是共轴式的，在细调螺旋的外侧还刻有分度，可用于测量被检物体的厚度。

物镜转换器：是装配物镜用的，可以装配4～6个物镜。由于观察样品时，需要从低倍镜转向高倍镜以至油镜。因此，在物镜转换器上按顺序安装一套不同放大倍数的物镜，使用起来更方便。

镜筒：从物镜的后缘到镜筒尾端的距离称机械筒或筒。因为物镜的放大率是对一定的镜筒长度而言的。镜筒长度变化，不仅放大倍率随之变化，而且成像质量也受到影响。因此，使用显微镜时，不能任意改变镜筒长度。国际上显微镜的标准筒长定为160 mm，此数字标在物镜的外壳上。

②光学系统：显微镜的光学系统包括反光镜、聚光镜、物镜和目镜等（图2-2）。

反光镜：反光镜是普通显微镜的取光设备。它有两面：一面是平面镜，另一面是凹面镜，镜体安装在弧弓上，可自由翻转以调整位置，使光线射向聚光镜。无聚光镜的显微镜，在使用低倍物镜时可用平面镜，用高倍物镜时则用凹面镜。在有聚光镜的显微镜中，无论使用低倍或高倍物镜都应使用平面镜，如在微弱光线下不得已才使用凹面镜。

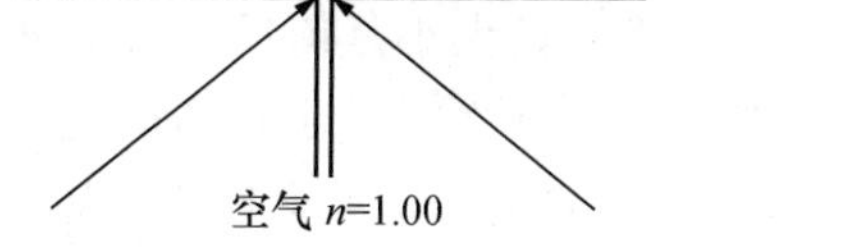

图2-2 油浸物镜的原理

左侧为干燥系物镜；右侧为油浸系物镜

聚光镜：聚光镜安装在载物台下，其作用是将光源经反光镜反射来的光线聚焦于样品上，以得到最强的照明，使物像获得明亮清晰的效果。聚光镜的高低可以调节，使焦点落在被检物体上，以得到最大亮度。一般聚光镜的焦点在其上方

1.25 mm处，而其上升限度为载物台平面下方0.1 mm。因此，要求使用的载玻片厚度应在0.8～1.2 mm，否则被检样品不在焦点上，影响镜检效果。聚光镜前透镜组前面还装有孔径光阑，它可以开大和缩小，影响着成像的分辨率和反差，若将孔径光阑开放过大，超过物镜的数值孔径时，便产生光斑；若将孔径光阑收拢过小，分辨率下降，反差增大。因此，在观察时，通过孔径光阑的调节再把视场光阑（具备视场光阑的显微镜）开启到视场周缘的外切处，使不在物视场内的物体得不到任何光线的照明，以避免散射光的干扰。

物镜：安装在镜筒前端物镜转换器上的透镜，利用光线使被检物体第1次造像，因而直接关系和影响着成像的质量，对分辨率有着决定性的影响。

目镜：目镜的作用是把物镜放大了的实像再放大一次，并把物像映入观察者的眼中，目镜的结构较物镜简单。普通光学显微镜的目镜通常由2个透镜组成，上端的透镜称“接目镜”，下端的透镜称“场镜”。上下透镜之间或在2个透镜的下方，装有金属制的环状光阑，或叫“视场光阑”。物镜放大后的中间像就落在视场光阑平面处，所以其上可安置目镜测微尺。

普通光学显微镜常用的目镜为惠更斯目镜（Huygens eyepiece），如果要进行研究用时，一般选用性能更好的目镜，如补偿目镜（K）、平场目镜（P）、广视场目镜（WF）。照相时选用照相目镜（NFK）。

视频3
光学显微镜的基本原理

（2）光学显微镜的基本原理（视频3）

①物镜的性能：可以用物镜外壳上标志着的数值孔径（numerical apeature，NA）大小来表示。NA是指物镜前透镜与被检物体之间介质的折射率（n）（图2-2）和镜口角（α）半数的正弦之乘积，可用如下公式表示：

$$\mathrm{NA}=n\cdot\sin\alpha/2$$

数值孔径的大小是衡量一台显微镜分辨率强弱的依据。分辨率是指显微镜能辨别物体两点之间最小距离的能力。这个最小距离通常用D来表示，也就是说，这个距离D越小，分辨率就越大，显微镜性能就越好，其公式如下：

$$D=\frac{\lambda}{2\mathrm{NA}}$$

式中，D为显微镜能辨别物体两点之间的最小距离；λ为所用光源波长；NA为数值孔径。从公式中可看出，NA越大，或观察时所用光波越短，则分辨率越大。

②增加分辨率的措施：

选择波长较短的光源：在使用可见光（如卤素灯或钨丝灯）作为光源时，可加蓝色滤光片以吸收长波的红、橙光，使波长接近于平均波长（0.55 μm）。如果使用波长为 0.27 μm 的紫外光为光源，其分辨率可增加 2 倍。

增大介质的折射率：空气折射率为 1.0，水折射率为 1.33，玻璃折射率为 1.52，香柏油折射率为 1.515。所以在观察细菌形态时，都使用油浸物镜，目的是利用香柏油与玻璃折射率近似的特性，以减少光线从一介质进入另一介质时产生折射而导致的光线散失（图 2-2），从而增强视野的亮度和降低最小距离 D，增加分辨率。

增大物镜的镜口角，但其极限值最大也难达到 180°，改变的余地很小。

增加明暗反差，使标本的明暗对比增强，这也是提高清晰度的一项措施。

③物镜种类：物镜的种类很多，可从不同角度来分类，根据物镜前透镜与被检物体之间的介质不同，可分为干燥系物镜和油浸系物镜。干燥系物镜，以空气为介质，如常用的 40×以下的物镜，数值孔径均小于 1；油浸系物镜，常以香柏油为介质，此物镜又叫油镜头，其放大率为 90×～100×，数值孔径值大于 1。

根据物镜放大率的高低，可分为：

低倍物镜，指 1×～6×，NA 值为 0.04～0.15；

中倍物镜，指 6×～25×，NA 值为 0.15～0.40；

高倍物镜，指 25×～63×，NA 值为 0.35～0.95；

油浸物镜，指 90×～100×，NA 值为 1.25～1.40。

2.2 实验用品

1. 菌种

枯草芽孢杆菌（*Bacillus subtilis*）、四联球菌（*Micrococcus* sp.）的斜面菌种。

2. 试剂

香柏油、无水乙醚、无水乙醇等。

3. 器材

显微镜、擦镜纸、接种环、载玻片、吸水纸等。

2.3 实验内容与操作

2.3.1 油镜的使用(视频 4)

1. 调节光照

从橱柜中取出显微镜,并双手持镜,轻轻放在实验台上,插上电源,打开电源开关;旋转物镜转换器,使低倍镜(即 10×物镜)直对通光孔,下降聚光镜,关闭光圈,适当调节目镜间距以及光源亮度,使视野内光线均匀,亮度适宜。用油镜观察标本时,光度宜强,可将光圈开至最大,聚光镜上升到最高,光源亮度调大。未染色标本在低倍镜或高倍镜观察时,应适当缩小光圈,下降聚光镜,调节光源,使光度减弱,否则光线过强不易观察。

视频 4
油镜的使用

2. 观察

(1)低倍镜观察 由于低倍镜放大倍数低,视野宽,容易发现观察目标,所以观察标本时一般都要先经过低倍镜观察。将标本玻片置于载物台上,用玻片夹夹住,移动玻片推动器,使观察对象处在物镜正下方,旋转粗调螺旋,上升载物台,使物镜镜头接近标本,双眼置于目镜上方,再缓慢下降载物台,当视野内出现物像后,微微旋转细调螺旋使视野图像清晰,再通过玻片推动器缓慢移动玻片,找到合适的视野。低倍物镜(8×或 10×)视野面广,焦点深度较深,为易于发现目标的检查位置,故应先用低倍镜观察。

(2)高倍镜观察(使用油镜观察标本时,此步可以省略) 将高倍镜(40×)转至镜筒下方(在转换物镜时,要从侧面注视,以防低倍镜未对准焦距而造成镜头与玻片相撞)。调节光圈和聚光镜,使光线亮度适中,再仔细反复转动细调螺旋,调节焦距。获得清晰物像,仔细观察细菌的运动性或细菌染色标本,再移动玻片推动器选择最满意的镜检部位将染色标本移至视野中央,待油镜观察。

(3)油镜观察 细菌或其他标本的微细结构,都需要用油镜观察。由于物镜放大倍数与其焦点距离长度相反,即物镜放大倍数越高,其工作距离越短。一般油镜的工作距离在 0.15 mm 左右,故使用油镜必须特别小心。使用油镜前,上升聚光镜至最高位置,全开光圈,用粗调螺旋下降载物台,转动物镜转换器将油镜转至正下方(正对聚光镜通光孔的工作位置)。

在标本镜检部位滴上一滴香柏油。眼睛从侧面注视,慢慢转动粗调螺旋,上升载物台，使油镜浸入香柏油中，直到几乎与标本接触时为止（此时注意切勿压到标本，以免压碎玻片，甚至损坏油镜镜头）。再次检查是否全开光圈，聚光镜是否升到最高，从目镜中观察，如果视野亮度不够，调节光源亮度，使视野光线明亮，微微转动粗调螺旋，下降载物台（注意：此时只能下降载物台，不能上升载物台），当视野中有模糊的标本物像时，改用细调螺旋，直至标本物像清晰，如果视野内物像不符合观察要求，再通过玻片推动器缓慢移动玻片，找到合适的视野。

如果下降载物台过程中，油镜镜头已离开油滴，还没有找到标本物像时，必须重新从侧面注视，将油镜镜头再次浸入香柏油中，重复操作上述步骤，直到看清物像为止。

2.3.2 油镜的保养（视频5）

油镜使用完毕后，下降载物台，取下载玻片，旋转物镜转换器，将油镜镜头偏离通光孔，此时油镜的镜头要注意"三擦"，一擦是指用擦镜纸擦去镜头上的香柏油；二擦是指在2～3层擦镜纸上滴一滴擦油镜试剂（无水乙醚和无水乙醇的混合物）或二甲苯，以直线方式轻轻擦拭油镜镜头2～3次，擦去残余的香柏油；三擦是指再用干净的擦镜纸将镜头上残余的擦油镜试剂或二甲苯擦拭干净。如果油镜镜头不擦试干净，下次油镜将无法使用，而且时间久了，镜片易移位脱落。

视频5
油镜的保养

显微镜使用完毕后，先把光源亮度调至最低，再关闭电源，拔下插头，保持显微镜干净，下降聚光镜，关闭光圈，使物镜呈"八"字形摆放，放回显微镜橱。

2.4 注意事项

（1）显微镜应存放在干燥阴凉的地方，不要放在强烈的日光下暴晒，梅雨季节应在镜箱内放置干燥剂（硅胶），如长时间不用，则光学部分应卸下放在干燥器中，以免受潮生霉。

（2）显微镜应严禁与挥发性药品或腐蚀性药品（如碘片、醋酸、盐酸、硫酸等）放在一起。

（3）在使用油镜时，如果按上述操作步骤未发现目的物，则可能是由于油镜上升太快，眼睛未捕捉到一闪而过的物像，应重新操作。另外，应特别注意下降载物台或油镜镜头时，切勿用力过猛，以免损坏镜头和载玻片。

(4)油镜使用完毕,一定要“三擦”。

2.5 作业与思考题

(1)低倍镜转至高倍镜观察时,聚光镜和光圈要怎么调节?

(2)使用油镜观察标本时为何要加香柏油?

实验3

简单染色法

3.1 实验目的与原理

1. 目的

学习细菌涂片、制片、染色技术，掌握简单染色法，观察细菌的基本形态，巩固无菌操作技术和油镜使用方法。

2. 原理

细菌细胞无色透明或半透明，必须借助于染色法，使细菌着色，与背景形成明显的色差，便于在显微镜下观察。细菌细胞含有很多核酸，所以一般染色多用碱性染料，如亚甲蓝（methylene blue，又称美蓝）、碱性复红（basic fuchsin）、结晶紫（crystal violet）、孔雀绿（malachite green）、番红（safranine）等。

3.2 实验用品

1. 菌种

枯草芽孢杆菌（*Bacillus subtilis*）、四联球菌（*Micrococcus* sp.）。

2. 试剂

番红染色液、结晶紫染色液、香柏油、二甲苯。

3. 器材

显微镜、酒精灯、载玻片、接种环、吸水纸、擦镜纸等。

3.3 实验内容与操作

制备细菌染色涂片流程(视频 6)如下：

视频 6
细菌简单染色

涂片→干燥→火焰固定→染色→水洗→干燥→镜检。

1. 涂片

取干净玻片，于中央加蒸馏水一小滴，将接种环在火焰上烧灼灭菌，冷却后，取试管斜面菌种一支，用无菌操作法将接种环从菌种管表面轻轻挑取细菌少许(注意不要挑破培养基)，涂在玻片水滴中成直径约 1 cm^2 均匀的薄层。如果是液体培养物则不必加水，直接取菌液 1～2 环涂片。接种环经灭菌后放回原处。

2. 干燥

将涂片于空气中自然干燥，或将涂片置于火焰高处微热烘干，但不能直接在火焰上烘烤，以免细胞变形。

3. 火焰固定

将已干燥的涂片有菌面向上，迅速通过火焰 2～3 次，使细胞固定于玻片上。固定的目的是将细菌杀死，使细菌黏附在玻片上，染色时不致脱落，同时改变细胞对染液的通透性，增强染色效果。

4. 染色

加碱性复红染色液(或其他染色液，如结晶紫)1～2 滴于涂片上，覆盖涂布面进行染色。不同染色液着色能力不一样，染色时间长短也有差异，因此一般碱性复红染色 20～30 s 即可，结晶紫染色液染色 1 min。

5. 水洗

倾弃染液，用水轻轻冲洗。

6. 干燥

用吸水纸吸去载玻片上多余的水分(注意不要将细菌擦去)后，将其自然晾干，或在离火焰较远处微热烘干。

7. 镜检

油镜检查。

3.4 注意事项

(1)涂片时加一小滴水,水多则涂片难以干燥。

(2)涂片时水滴微混浊即可,菌液太浓涂片太厚,菌体聚集成堆则难以观察。

(3)固定温度不能过高(以玻片背面不烫手为宜),否则细胞易变形。

(4)涂片必须完全干燥后才能用油镜观察。

3.5 作业与思考题

(1)绘出2种细菌形态图。

(2)简单染色法有什么用途?

(3)染色标本为什么要干燥后才能用油镜观察?

实验4 革兰氏染色法

4.1 实验目的与原理

1. 目的

了解并掌握革兰氏(Gram)染色法，巩固无菌操作技术和油镜使用方法。

2. 原理

革兰氏染色法是一种鉴别细菌的染色方法。根据这种染色反应结果的不同，可将细菌分为革兰氏阳性(Gram positive)和革兰氏阴性(Gram negative)两大类。两类染色反应不同，表示它们细胞组成物质性质上的差异，也表明它们生理上的差异。这一染色法对细菌的分类、鉴定及生产应用具有重要意义。其方法要点是：细菌先经结晶紫初染后，用碘液媒染，再用乙醇(又称酒精)脱色，最后用番红或碱性复红复染。若细菌保持初染时的紫色，称革兰氏阳性菌或正反应(用 G^+ 表示)；若被乙醇脱色后染成复染的红色，称革兰氏阴性菌或负反应(用 G^- 表示)。二者染色的差异主要是由细胞壁的结构和组成不同决定的。一般来说，芽孢杆菌与多数球菌呈革兰氏阳性反应；大多数无芽孢杆菌和某些球菌呈革兰氏阴性反应；放线菌和酵母菌都是呈革兰氏阳性反应；弧菌和螺旋菌呈革兰氏阴性反应。细菌的革兰氏染色结果也并非固定不变。菌龄老幼、培养基 pH 和染色技术等都可能影响革兰氏染色反应结果。

4.2 实验用品

1. 菌种

培养 10 h 的枯草芽孢杆菌(*Bacillus subtilis*)、培养约 24 h 的大肠杆菌

(*Escherichia coli*)。

2. 试剂

结晶紫染色液、鲁氏碘液(Lugol's iodine solution)、95%乙醇、番红染色液、香柏油、二甲苯。

3. 器材

显微镜、酒精灯、载玻片、接种环、吸水纸、擦镜纸等。

4.3 实验内容与操作

1. 制片

在一张载玻片上,分别涂布枯草芽孢杆菌和大肠杆菌并制成涂片后,干燥、固定(具体方法同简单染色法)。

2. 染色(视频7)

待玻片冷却后按下列步骤进行染色。

初染:结晶紫染色 1 min→水洗。

媒染:碘液 1 min→水洗。

脱色:95%乙醇脱色 30~60 s→水洗。

复染:番红染色 2~3 min 或石炭酸复红染色 30~60 s→水洗→干燥。

视频7
细菌革兰氏染色

3. 镜检

在油镜下观察,被染成紫色者为革兰氏阳性菌(G^+);被染成红色者为革兰氏阴性菌(G^-)。

4.4 注意事项

(1)严格掌握脱色程度,是成败的关键。若脱色时间过长,革兰氏阳性菌初染时的紫色脱去,复染成红色呈革兰氏阴性菌反应;若脱色时间不足,革兰氏阴性菌在初染时的紫色未能脱去,复染时不能染成红色呈革兰氏阳性菌反应。

(2)其他注意事项同简单染色法。

4.5 作业与思考题

(1)绘出显微镜下所看到的细菌形态图,并说明其染色反应。

(2)革兰氏染色法关键的是哪一步?为什么?

实验5 细菌特殊染色法

5.1 实验目的与原理

1. 目的

学习并掌握细菌的芽孢、荚膜、鞭毛染色法。

2. 原理

细菌的芽孢结构致密，通透性差，着色较难，用普通染色法染色时，菌体着色而芽孢呈现不染色的轮廓，但是芽孢一旦着色后，脱色也比较困难。因此，芽孢染色的基本方法是采用着色力强的染色剂(如石炭酸复红、孔雀绿等)并加热染色，先使菌体和芽孢都着色，再用脱色剂脱去菌体颜色而保留芽孢的颜色，然后用另一种染液复染菌体，使菌体和芽孢形成不同颜色的鲜明对照。

细菌的荚膜与染料的亲和力很弱，但荚膜的通透性较好，某些染料可透过荚膜而使菌体着色。因此，染色后在菌体周围有一浅色或无色透明圈，此即荚膜。荚膜染色常用背景衬托染色法，即用有色的背景来衬托出无色(没有染上颜色)的荚膜。有时也可用单染色法进行细菌荚膜的观察。

细菌鞭毛非常纤细，直径 0.01～0.02 μm，在光学显微镜下无法直接观察到，需经特殊的染色方法，使媒染剂与染料在鞭毛上沉淀，将鞭毛辊粗才能在油镜下看见。

5.2 实验用品

1. 菌种

牛肉膏蛋白胨琼脂斜面上培养 36 h 的枯草芽孢杆菌(*Bacillus subtilis*)、胶质芽孢杆菌(*Bacillus mucilaginosus*)、在斜面上培养 12～16 h 的荧光假单胞菌(*Pseudomonas fluorescens*)。

2. 试剂

5%孔雀绿水溶液、0.5%番红水溶液、绘图墨水(用滤纸过滤后贮藏于瓶中备用)、6%葡萄糖水溶液、1%甲基紫水溶液、甲醇、硝酸银染色液(A、B 液)、利夫森(Leifson)染色液(A、B、C 液)。

3. 器材

试管、烧杯、滴管、载玻片、香柏油、二甲苯、擦镜纸、显微镜、酒精灯、接种环、吸水纸等。

5.3 实验内容与操作

1. 芽孢染色法

(1)制备菌液　加 1～2 滴无菌水于小试管中,用接种环从培养 36 h 的枯草芽孢杆菌斜面上挑取 2～3 环的菌体于试管中并充分混匀,制成浓稠的菌液。

(2)加染色液　加 5%孔雀绿水溶液 2～3 滴于小试管中,用接种环搅拌使染料与菌液充分混合。

(3)加热　将试管浸于沸水浴(烧杯)中,加热 15～20 min。

(4)涂片　用接种环从试管底部挑数环菌液于洁净的载玻片上,涂成薄膜,晾干。

(5)固定　手执载玻片一端,菌膜的一面朝上,通过酒精灯火焰 3～4 次。

(6)脱色　用细流水自载玻片一端轻轻冲洗至流下的水中无孔雀绿颜色时为止。

(7)复染　加番红水溶液,染色 2～3 min 后,倾去染色液,不用水洗,直接用吸水纸吸干。

(8)镜检　用油镜观察,结果显示芽孢呈绿色,芽孢囊和菌体呈红色。

2. 荚膜染色法

湿墨水法:

(1)制菌液　先加 1 滴墨水于洁净的载玻片上,并挑少量菌体与其充分混合均匀。

(2)加盖玻片　放一清洁盖玻片于混合液上,然后在盖玻片上放一张滤纸向下轻压,吸收多余的菌液。

(3)镜检　用低倍镜或高倍镜观察，结果显示背景为灰色，菌体较暗，在其周围呈现一明亮的透明圈即荚膜。

干墨水法：

(1)制菌液　加1滴6%葡萄糖水溶液于洁净载玻片一端，挑少量菌体与其充分混合，再加1滴墨水，充分混匀。

(2)制片　左手执盖玻片，右手另拿一光滑的载玻片(作推片用)，将推片一端的边缘置于菌液前方，然后稍向后拉，当与菌液接触后，轻轻地向左右移动，使菌液沿推片接触后缘散开，然后以30°角迅速而均匀地将菌液推向玻片另一端，使菌液铺成一薄膜。

(3)干燥　空气中自然干燥。

(4)固定　用甲醇浸没涂片，固定1 min，立即倾去甲醇。

(5)干燥　在酒精灯上方，用文火干燥。

(6)染色　用甲基紫水溶液染色1～2 min。

(7)水洗　用自来水轻洗，自然干燥。

(8)镜检　用低倍镜或高倍镜观察，结果显示背景为灰色，菌体呈紫色，荚膜呈一清晰透明圈。

3. 鞭毛染色法

银染色法：

(1)清洗玻片　选择光滑无裂痕的载玻片，最好选用新的。为了避免载玻片相互重叠，应将载玻片插在专用金属架上，然后将载玻片置于洗衣粉滤过液(洗衣粉煮沸后用滤纸过滤，以除去粗颗粒)中，煮沸20 min。取出稍冷后用自来水冲洗、晾干，再放入浓洗液中浸泡5～6 d。使用前取出载玻片，用自来水冲去残酸，再用蒸馏水冲洗，将水沥干后，放入95%乙醇中脱水备用。

(2)配制染液

A液：单宁酸5 g，$FeCl_3$ 1.5 g，蒸馏水100 mL。待溶解后，加入1% NaOH溶液1 mL和15%甲醛溶液2 mL。

B液：硝酸银2 g，蒸馏水100 mL。

待硝酸银溶解后，取出10 mL用于回滴。往90 mL B液中滴加浓氢氧化铵溶液，当出现大量沉淀时再继续加氢氧化铵直到溶液中沉淀刚刚消失变澄清为止，然后用保留的10 mL B液小心地逐滴加入，至出现轻微和稳定的薄雾为止(此操作非常关键，应格外小心)。在整个滴加过程中要边滴边充分摇匀。配好的染色液当日有效，4 h内效果最好。

(3)菌液的制备及涂片　菌龄较老的细菌容易失落鞭毛，所以在染色前应将菌种在新配制的牛肉膏蛋白胨培养基斜面上连续转接3～4代，以增强细菌的活动力。最后一代菌种置于37 ℃恒温箱中培养12～16 h。然后，用接种环挑取斜面与冷凝水交接处的菌液数环，移至盛有1～2 mL无菌水的试管中，使菌液呈轻度混浊。将该试管置于37 ℃恒温箱中静置10 min(放置时间不宜太长，否则鞭毛会脱落)，让幼龄菌的鞭毛松展开。然后，吸取少量菌液于洁净的载玻片一端，将载玻片倾斜，使菌液缓慢地流向另一端，用吸水纸吸去多余的菌液，置于空气中自然干燥。

(4)染色　滴加A液，染色4～6 min；用蒸馏水充分洗净A液；用B液冲去残水，再加B液于载玻片上，在微火上加热至冒气，维持0.5～1.0 min(加热时应随时补充蒸发掉的染料，不可使载玻片出现干涸)；用蒸馏水冲洗，自然干燥。

(5)镜检　用油镜观察，结果显示菌体呈深褐色，鞭毛呈浅褐色。

Leifson染色法：

(1)清洗玻片　同银染色法。

(2)配制染液

A液：碱性复红1.2 g，95%乙醇100 mL。

B液：单宁酸3 g，蒸馏水100 mL(如加0.2%苯酚可长期保存)。

C液：NaCl 1.6 g，蒸馏水100 mL。

染色液贮藏于磨口玻璃瓶中，在室温下较稳定。使用前将上述溶液等体积混合，此混合液贮藏于密封性良好的瓶中，置于冰箱中可保存数周。但在较高温度下因混合液易发生化学变化而使着色力减弱。

(3)菌液的制备及涂片　菌液的制备同银染色法；用蜡笔在洁净的载玻片上划分3～4个相等的区域；放一环菌液于每个小区的一端，将载玻片倾斜，让菌液流向另一端，并用滤纸吸去多余的菌液；在空气中自然干燥。

(4)染色　加染色液于第1区，使染液覆盖涂片。隔数分钟后加染液于第2区，之后依此类推(相隔时间可自行决定)，其目的是确定最合适的染色时间，且节约材料。在染色过程中要仔细观察，当整个玻片出现铁锈色沉淀和染液表面出现金色膜时，即用水轻轻地冲洗。在没有倾去染液的情况下，就用自来水轻轻地冲去染液，会增加背景的沉淀。一般约染色10 min，自然干燥。

(5)镜检　用油镜观察，结果显示细菌和鞭毛均染成红色。

5.4　注意事项

(1)供芽孢染色用的菌种应控制菌龄，使大部分芽孢仍保留在芽孢囊内。

(2)在采用干墨水法进行荚膜染色时,涂片要放在离火焰较高处并用文火干燥,不可使载玻片发热。

(3)细菌鞭毛的银染色法染色液必须是现配现用。

(4)细菌鞭毛的Leifson染色法受菌种、菌龄和室温等因素的影响,染色液需经15～20次过滤,要掌握好染色条件必须经过一些摸索。

(5)细菌鞭毛染色时要注意菌龄是否合适,因为细菌的鞭毛并不是在任何情况下都有,而是在一定的时间和培养条件下才产生鞭毛。一般在幼年培养时,鞭毛产生情况最好,易于染色,尤其以短期内多次连续转接的幼龄培养体所产生的鞭毛,染色效果最好。

5.5 作业与思考题

(1)为什么芽孢染色要加热?

(2)荚膜为什么不易着色?

(3)鞭毛染色应掌握哪些环节?应注意哪些问题?

实验6 微生物细胞大小的测定

6.1 实验目的与原理

1. 目的

了解并掌握用测微尺测定微生物大小的方法。

2. 原理

微生物细胞的大小，是微生物重要的形态特征之一。由于菌体很小，只能借助显微镜来测量。除了电子显微镜，实验室常用光学显微镜来测量微生物细胞大小，工具有目镜测微尺和镜台测微尺。

目镜测微尺是一块圆形玻片，在玻片中央把 5 mm 长度刻成 50 等份或把 10 mm长度刻成 100 等份(图 6-1A)。测量时，将其放在目镜中的隔板上来测量经显微镜放大后的细胞物像。不同的显微镜放大倍数不同，同一显微镜在不同的目镜、物镜组合下，其放大倍数也不同，故目镜测微尺每格实际表示的长度随显微镜放大倍数不同而异，即目镜测微尺上的刻度只是代表相对长度(类似于比例尺)，所以在使用前须用镜台测微尺校正，以求得在一定放大倍数下实际测量时的每格长度。镜台测微尺是中央部分刻有一条长为 1 mm 刻度的载玻片，其上镶有一圆玻片。其中 1 mm 的刻度精确等分为 100 格，每格长 10 μm。因为此长度固定不变，所以用镜台测微尺的已知每格长度在一定放大倍数下，即可换算出目镜测微尺每格所代表的长度。

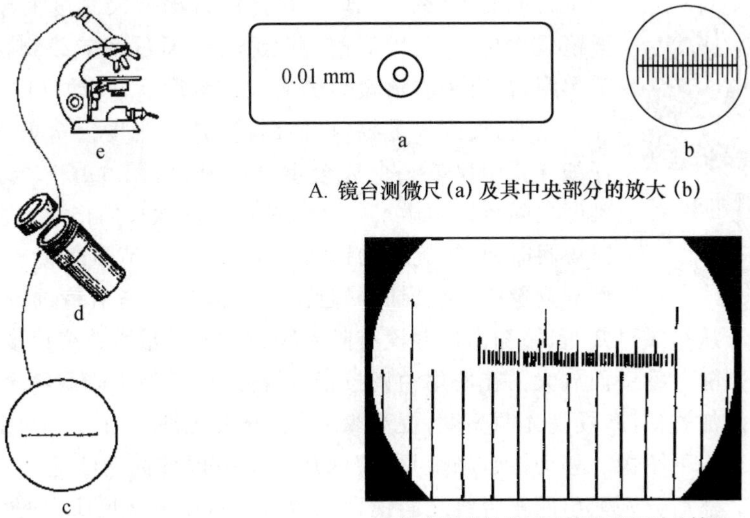

A. 镜台测微尺(a)及其中央部分的放大(b)

B. 目镜测微尺(c)及其安装在目镜(d)上再装在显微镜(e)上的方法

C. 镜台测微尺校正目镜测微尺时的情况

图 6-1　目镜测微尺的安装和矫正

6.2　实验用品

1. 菌种

枯草芽孢杆菌(*Bacillus subtilis*)、酿酒酵母(*Saccharomyces cerevisiae*)染色标本片。

2. 试剂

香柏油、二甲苯。

3. 器材

显微镜、目镜测微尺、镜台测微尺、酒精灯、载玻片、吸水纸、擦镜纸等。

6.3　实验内容与操作

1. 目镜测微尺的安装和校正(视频8)

打开显微镜光源,将聚光镜下降,关闭光圈。将目镜测微尺按照刻度朝下,安装至目镜隔板(图 6-1B)。并将镜台测微尺刻度面朝上放在显微镜载物台上,选用低倍镜(10×)。通过调节载物台高度来调节焦距,视野中看清镜台测微尺的刻度后,转动目镜,移动载玻片推进器,使两尺重叠,再使两尺的"0"刻度完全重合,定位后,仔细寻找两尺第 2 个完全重合的刻度(图 6-1C)。计数两重合刻度之间目镜测微尺的格数和镜台测微尺的格数。在换用高倍镜观察时,只需旋转物镜转换器,通过调节聚光镜和光圈,即可看到物像,再通过细调螺旋微调,即可对高倍镜进行校正,并拍照记录。从结果可知,目镜测微尺并没有随着物镜的放大倍数改变而变化,而镜台测微尺则随着物镜而放大。在使用油镜校正目镜测微尺时,下降载物台,在目镜测微尺上滴加香柏油,提高光源亮度,提高聚光镜,开大光圈。通过粗调螺旋和细调螺旋调至清晰图像。移动镜台测微尺,使两尺在某一区域内两线完全重合。并拍照记录。然后分别数出两重合线之间镜台测微尺和目镜测微尺所占的格数。因为镜台测微尺的刻度每格长 10 μm,所以由如下公式就可以算出所校正的目镜测微尺每格所代表的长度。

视频 8
用镜台测微尺校正目镜测微尺

目镜测微尺每格长度(μm)=镜台测微尺格数 × 10/ 目镜测微尺格数

同法,分别校正高倍镜下和油镜下目镜测微尺每格代表的长度。

2. 菌体大小的测定(视频 9)

目镜测微尺校正完毕后,取下镜台测微尺,换上细菌染色制片。先用低倍镜和高倍镜找到标本后,换油镜测定球菌的直径和杆菌的宽度与长度。测定时,通过转动目镜测微尺和移动载玻片,测出细菌直径或宽和长所占目镜测微尺的格数。最后将所测得的格数乘以目镜测微尺(用油镜时)每格所代表的长度,即为该菌的实际大小。例如,目镜测微尺在显微镜下经过校正,当使用油镜时(目镜 16×),每格相当于 1.02 μm,如果测量菌体的长度相当于目镜测微尺的 2 格,则菌体长度应为 1.02 μm×2=2.04 μm。

视频 9
菌体大小的测定

6.4 注 意 事 项

(1)因为每一台显微镜的放大倍数不同,所以,校正目镜测微尺必须针对所使用的显微镜和附件(目镜、物镜、镜筒长度等)进行。而且,当更换不同放大倍数的目镜或物镜时,必须重新校正目镜测微尺每一格所代表的长度。

(2)观察时,光线不宜过强,否则难以找到镜台测微尺的刻度,换高倍镜和油镜校正时,必须十分小心,防止压坏镜台测微尺和损坏镜头。

6.5 作业与思考题

(1)计算出所测定的枯草芽孢杆菌和酵母菌菌体细胞的大小。

(2)为什么目镜测微尺必须用镜台测微尺校正?

实验 7 细菌培养特征的观察

7.1 实验目的与原理

1. 目的

学习观察和记录细菌培养特征的方法。

2. 原理

微生物菌体形态包括个体形态和群体形态。群体形态包括菌落、菌苔、菌液等的形态。

菌落是指单个细胞或几个遗传上相同的细胞在固体培养基上生长繁殖形成的肉眼可见的群落，在固体培养基表面生长的菌落叫作表面菌落，在培养基中生长的菌落叫作埋藏菌落。菌落形态是个体形态的集中反映，在一定的培养条件下，不同的微生物形成的菌落其性状是不相同的，它是鉴别各种微生物的依据之一。

菌苔是指固体培养基上由母细胞繁殖长成的一片密集的、具有一定形态结构特征的细菌群落，一般指多数菌落聚集而成。不同的微生物，其菌苔性状不同。认识斜面菌苔的特征，对掌握菌种是否污染有一定的帮助。

微生物液体培养性状是指其在液体培养基中生长时，随菌种不同，表现出不同的群体形态特征。

7.2 实验用品

1. 菌种

枯草芽孢杆菌（*Bacillus subtilis*）、四联球菌（*Micrococcus* sp.）、大肠杆菌（*Escherichia coli*）、蕈状芽孢杆菌（*Bacillus mycoides*）。

2. 培养基

牛肉膏蛋白胨培养基。

3. 器材

直尺等。

7.3 实验内容与步骤

1. 细菌菌落特征的观察

将已熔化的琼脂培养基冷却到45～50 ℃(即热而不烫手),按无菌操作倒入直径9 cm的无菌培养皿内,冷却凝固成平板(视频10),然后,用接种环蘸取上述各菌的菌液少许,分别在平板上划线(视频11),适温倒置培养,待菌落长出后,观察菌落特征,注意其形状、大小、颜色、光泽、表面状况、边缘、隆起度、透光性、质地以及是否分泌色素等方面的特征。

2. 细菌菌苔特征的观察

用接种环以无菌操作法,挑取少许菌种分别在斜面培养基上划直线接种(注意不要划破培养基),适温培养,视生长情况于1～7 d内观察,菌苔特征包括丰厚程度、边缘、表面形状、颜色、黏稠度、培养基颜色、透明度以及气味等。

3. 液体培养性状的观察

用接种环以无菌操作法,挑取少许菌种接种于液体培养基内(视频12),适温培养,待细菌生长后观察液体培养物是否产膜、混浊、环状生长成沉淀等。

视频10
固体平板的制备

视频11
平板划线法——连续划线

视频12
平板向液体试管接种

7.4 注意事项

(1)细菌的培养特征随培养基成分、培养时间和温度的变化可能发生变化。所以利用培养特征识别细菌时务必考虑这些因素。

(2)注意区别细菌菌落特征与酵母菌菌落特征。

7.5 作业与思考题

(1)将观察结果记录于下表中。

项目	菌名			
形状				
大小				
边缘				
表面				
颜色				
干燥或湿润				
透明度				
质地				
培养基				
培养温度				
培养时间				

(2)什么是菌落?菌落与菌苔有何区别?

实验8 蓝细菌（蓝藻）形态的观察

8.1 实验目的与原理

1. 目的

学习和掌握使用水浸片法制备蓝细菌标本片，并学习使用光学显微镜观察螺旋藻菌体形态的方法。

2. 原理

蓝细菌即蓝藻或蓝绿藻，最简单的蓝细菌为杆状或球形的单细胞生物。多数蓝细菌是不分枝的丝状体，由许多单个细胞连成一串并被一共同的胶质鞘套包被。蓝细菌个体比一般细菌大，直径为 3～10 μm，其细胞壁构造与革兰氏阴性细菌相似，没有鞭毛。蓝细菌细胞中含有光合色素：有叶绿素 a、藻蓝素和藻红素，能进行光合作用，同化二氧化碳，合成有机物质。其中有不少种类也有固氮能力，称为固氮蓝细菌。固氮蓝细菌大都是念珠藻科的一些种类。有些蓝细菌在水体受氮、磷等元素污染后会引起富营养化的“赤潮”（海水）和“水华”（湖泊），给水生态环境带来严重危害。掌握有关蓝细菌的基础知识，是统筹水资源、水环境、水生态治理，推动重要江河湖库生态保护治理的基本要求。

蓝细菌主要进行分裂繁殖，单细胞蓝细菌分裂后形成群体，包围在胶质层内。丝状蓝细菌细胞在鞘内排列成行，通过细胞分裂而使菌丝加长，菌丝不分枝，但有时有假分枝。菌丝顶端常脱落小段的菌丝，与母丝分离后，经细胞分裂成新的菌丝，这种脱落的小段菌丝称为藻殖段（连锁体）。还有些蓝细菌可形成由菌丝细胞膨大、细胞壁加厚的静息孢子，在不良环境下，此种孢子可处于休眠状态，待环境适宜时，孢子再萌发成为新菌丝。

8.2 实 验 用 品

1. 菌种

钝顶螺旋藻(*Spirulina platensis*)。

2. 器材

显微镜、吸管、解剖针或尖头镊子、载玻片、盖玻片、擦镜纸等。

8.3 实验内容与操作

(1)取干净载玻片,将螺旋藻菌液轻轻振荡混合均匀,用无菌吸管或移液器滴藻液 1～2 滴于中央处。

(2)加盖玻片,将盖玻片一边靠近菌液,缓慢放下。

(3)先在低倍镜下观察,然后在高倍镜下观察,绘图表示其菌丝外形、细胞排列及细胞形状。对于有异形胞的蓝细菌,要绘出异形胞部位及结构以及介于两个异形胞之间一串营养细胞组成的藻殖段(连锁体)等(视频 13)。

视频 13

蓝细菌形态观察——水浸片法

8.4 注 意 事 项

(1)螺旋藻菌液浓度不宜过大,否则菌体聚集成堆难以观察。

(2)低倍镜观察时光线宜暗些。

(3)注意勿产生气泡。

8.5 作业与思考题

(1)绘图表示螺旋藻的细胞形态。

(2)蓝细菌细胞结构有哪些基本特点?

实验9 放线菌形态及其菌落特征的观察

9.1 实验目的与原理

1. 目的

学习用插片法观察放线菌孢子丝形态的方法，学习观察记录放线菌菌落特征的方法。

2. 原理

放线菌是一类具有菌丝、主要以孢子繁殖、陆生性较强的原核生物，菌落常呈辐射状，因此称为放线菌。放线菌为单细胞的丝状体，菌丝无隔膜，分枝频繁，其一部分菌丝伸入培养基中称基内菌丝，另一部分生长在培养基表面称气生菌丝，气生菌丝的顶端分化为孢子丝，孢子丝呈螺旋状、波浪状或直线状。孢子丝形成成串的或单个的分生孢子。孢子丝及分生孢子的形状、大小因不同放线菌而各异，是放线菌分类的重要依据之一。

放线菌菌落早期与细菌菌落类似，至晚期表面出现粉状（即形成了分生孢子），呈同心圆、辐射状，干燥，菌丝与培养基结合紧密，不易挑取，常产生各种色素及特殊气味，识别放线菌菌落也是鉴别不同放线菌的依据之一。

放线菌的重要特征之一是产生抗生素，大约70%的抗生素是由放线菌产生的。此外，放线菌次级代谢产物结构新颖，作用独特，具有抗菌、杀虫、抗肿瘤、免疫抑制等活性，广泛应用于医疗、农业、食品等领域，深入挖掘放线菌资源对推进健康中国建设和农业农村绿色发展具有重要意义。

9.2 实验用品

1. 菌种

细黄链霉菌“5406”(*Streptomyces microflavus*)或灰色链霉菌(*Streptomyces griseus*)。

2. 培养基

高氏一号。

3. 器材

显微镜、放线菌插片及菌落、载玻片、盖玻片、擦镜纸等。

9.3 实验内容与操作

1. 放线菌菌落特征的观察

按无菌操作要求,将已熔化的高氏一号培养基冷却到 45～50 ℃,倒入直径 9 cm 的无菌培养皿内,冷却凝固成平板,然后取放线菌孢子稀释液 0.2 mL,分别接种于平板上,用无菌涂布棒均匀涂布,28 ℃培养 5～7 d,待菌落长出后,观察菌落特征,注意其形状、大小、正反面颜色、表面状况、边缘、气味、质地以及是否分泌色素等方面的特征。

视频 14
插片法观察
放线菌菌丝

2. 放线菌菌丝体形态的观察

(1)插片法(视频 14)

①倒平板:取熔化的高氏一号琼脂培养基,冷却至 50 ℃左右后倒平板,冷凝待用。

②接种:取含有灰色链霉菌分生孢子的菌悬液涂布在平板上,或者采用密集型划线法进行接种。接种量可适当大些,以利于插片。

③插盖玻片:用无菌镊子取无菌盖玻片,在上述涂菌悬液或者划线的平板上以 30°～45°的角度斜插入培养基内(插入深度约占盖玻片 1/2 长度),注意盖玻片底部的插入痕迹与划线痕迹相垂直,每块培养板上可根据需求插入 5～7 片盖玻片。

④培养:将插片平板倒置于 28 ℃恒温箱中,培养 3～7 d。

⑤镜检:用镊子小心取出盖玻片,并将其背面附着的菌丝体擦净,然后将盖玻

片有菌的一面向上放在洁净的载玻片上，用显微镜观察。

(2)印片染色法

①制片：用小刀切取一块灰色链霉菌的培养体(带培养基切下)，放在一块干净载玻片上，用另一块干净载玻片对准菌块的气生菌丝轻轻按压，然后将载玻片垂直拿起。

②固定：将印有灰色链霉菌的涂面朝上，通过酒精灯火焰2～3次。

③染色：用石炭酸复红染色液染色1 min。

④水洗：倾去染色液，用细流水自载玻片一端轻轻冲洗至流下的水中无染色液的颜色时为止。

⑤干燥：自然干燥。

⑥镜检：用显微镜观察。

(3)凹载玻片培养法

①凹载玻片培养系统：取熔化的高氏一号琼脂培养基(约0.2 mL)，冷却至50 ℃左右后倒入无菌的凹载玻片的凹槽内，盖上盖玻片，冷凝待用。

②接种：取少许灰色链霉菌分生孢子或菌丝接种到凹载玻片的凹槽内。

③培养：将凹载玻片的凹槽处盖上盖玻片，并放入含有"U"形载玻片搁架的培养皿内，置于28 ℃恒温箱中，培养3～7 d(在培养皿内放少许水)。

④镜检：在培养过程中，可随时用不同放大倍数的显微镜观察孢子的萌发、菌丝的生长及孢子的形成等各个阶段。

9.4 注意事项

(1)插片法观察放线菌菌丝体形态，平板宜厚些，以利于插盖玻片。镜检前将盖玻片背面附着的菌丝体擦净，便于观察。不可碰触插片上的菌落，防止孢子丝的自然形态被破坏。

(2)印片染色法观察放线菌菌丝体形态，在制片时用另一块干净载玻片对准菌块的气生菌丝轻轻按压后，将载玻片垂直拿起，勿使培养体在载玻片上滑动，只能自然干燥，以免打乱孢子丝的自然形态。

(3)凹载玻片培养法观察放线菌菌丝体形态，倒培养基、接种需在无菌操作下进行，接种量要小，以免凹载玻片内菌丝长得太多影响观察，培养时一定要在培养皿内放少许水，以免凹载玻片内的培养基干枯。

9.5 作业与思考题

(1)绘出放线菌孢子丝形态图。

(2)记录放线菌菌落特征。

实验10 霉菌形态及其菌落特征的观察

10.1 实验目的与原理

1. 目的

学习并掌握几种霉菌制片的方法,学习观察记录霉菌菌落特征的方法。

2. 原理

霉菌是丝状真菌的统称,由粗大、有隔或无隔分枝状菌丝构成。其菌丝平均宽度3~10 μm,分为基内菌丝和气生菌丝。气生菌丝中又可分化出繁殖菌丝。不同的霉菌其繁殖菌丝可以形成不同的孢子。

霉菌菌丝有无隔膜,其营养菌丝有无假根、足细胞等特殊形态的分化,其繁殖菌丝形成的孢子着生的部位和排列情况,以及是否形成有性孢子等,是鉴别霉菌的重要依据,镜检时应注意仔细观察。

由于霉菌菌丝分枝频繁,相互交错,堆集而成菌丝体。因此,霉菌菌落较大,质地疏松,外观干燥,常呈蛛网状、绒毛状、棉絮状。菌落中央老化往往产生大量颜色各异的分生孢子,因而菌落边缘和中心,正面和背面颜色常常不同。

10.2 实验用品

1. 菌种

根霉(*Rhizopus* sp.)、青霉(*Penicillium* sp.)、黑曲霉(*Aspergillus niger*)、黑根霉(*Rhizopus nigricans*)(+)和(−)菌株、赤霉(*Gibberella* sp.)。

2. 培养基及试剂

PDA培养基、50%乙醇、生理盐水、乳酸石炭酸棉蓝染色液。

3. 器材

显微镜、接种针、接种铲、载玻片、盖玻片、擦镜纸等。

10.3 实验内容与操作

1. 霉菌形态的观察

(1)根霉　在根霉平板上,用接种针贴培养基表面横向挑取少许菌丝,先放在50%乙醇中洗去孢子。在干净载玻片上滴加1滴水或1~2滴乳酸石炭酸棉蓝液,将上述洗净的根霉菌丝置于其中,并用接种针将菌丝拨开,小心地盖上盖玻片(注意不要产生气泡)。且不要移动盖玻片,以免搞乱菌丝,镜检如需做成封闭标本,则将标本置于温室中存放数日,使水分蒸发一部分,然后用清洁的布将盖玻片周围擦干净(注意不要移动盖玻片)。再涂一圈合成树胶,风干后即可保存(视频15)。

视频15

根霉水浸片制片及显微观察

(2)黑曲霉　用解剖刀对黑曲霉菌落进行切割,并用接种铲挑取一小块菌苔,置于50%乙醇中清洗孢子。清洗时,用接种铲在菌苔表面不停地拍打,洗掉分生孢子,直到菌苔表面由黑色变为无色为止。随后用接种针将菌苔转移至干净载玻片上并侧放,左手用接种针固定,右手用解剖刀进行切割,切去多余培养基,使菌苔保留薄薄一层。若仍有较多培养基,可将菌苔背面朝上,用解剖刀再次刮去多余培养基。在干净载玻片上滴一滴水,挑取洗净的菌苔置于载玻片的水滴中,盖上盖玻片(不可产生气泡)。用接种针针柄挤压,便于观察。标本片制好后,先用低倍镜观察,必要时再换高倍镜观察。注意观察其菌丝有无隔膜,有无假根、足细胞等特殊形态的菌丝;注意其无性繁殖器官的形状和构造,孢子着生的方式及孢子的形态、大小等,并将根霉、青霉、曲霉加以比较说明异同(视频16)。

视频16

黑曲霉水浸片制片及显微观察

(3)青霉　观察标本片。

2. 根霉接合孢子的培养及观察

接合孢子是一种有性生殖孢子,由2条菌丝特化的配子囊接合而成。有的是同宗配合,有的是异宗配合。根霉的接合孢子属于异宗结合。其培养方法如下:

(1)将马铃薯蔗糖琼脂培养基熔化后倒入3只灭菌培养皿中使其冷却凝固,制成平板,再分别贴一张灭菌玻璃纸在平板上。

(2)将黑根霉(+)、(一)2 株菌孢子各接种于一个培养皿中。

(3)于第 3 皿平板的玻璃纸上，左右两边分别接上黑根霉(+)及(一)两菌，置于 25～27 ℃培养 7～14 d 后取出。

(4)将第 3 皿平板上的玻璃纸取出，剪取小块贴放在载玻片上，置于低倍镜下观察接合孢子和配子囊的形状。

3. 霉菌菌落特征的观察

认真观察根霉、青霉、曲霉、赤霉的菌落，注意菌落形状以及菌丝长度、边缘、颜色(正面、背面、孢子颜色)等方面。

10.4 注 意 事 项

(1)霉菌挑菌和制片时要细心，尽可能保持霉菌自然生长状态。

(2)玻璃纸和载玻片的透光性基本相同，将长在玻璃纸上的霉菌菌丝剪下直接制片观察，不仅能解决制片操作上的困难，更主要的是能得到清晰、完整、保持自然状况的霉菌丝体的形态。

10.5 作业与思考题

(1)绘出青霉、根霉、曲霉、赤霉的形态图。

(2)绘出黑根霉接合孢子图。

(3)把几种霉菌菌落特征记录于下表中。

菌名	大小	形状	孢子颜色	反面颜色	表面结构*	松紧度	水溶性色素

* 表面结构记录：茸毛状、粉状、颗粒状、絮状。

(4)试简述细菌、放线菌、酵母菌、霉菌菌落形态的区别。

实验11 酵母菌形态及其菌落特征的观察

11.1 实验目的与原理

1. 目的

学习并掌握观察酵母菌形态的方法，学习观察记录酵母菌菌落特征的方法。

2. 原理

酵母菌是单细胞真核微生物的统称，个体形态多为卵圆形、圆柱形，较细菌大，有明显的细胞核和肝糖粒、脂肪粒等内含物。繁殖方式以芽殖为主进行无性繁殖，也有的进行裂殖，有性生殖产生子囊孢子。酵母菌的菌落与细菌菌落相似，但比细菌菌落大且厚，不透明，表面光滑、湿润、黏稠。

11.2 实验用品

1. 菌种

啤酒酵母(*Saccharomyces cerevisiae*)。

2. 培养基

豆芽汁培养基。

3. 试剂

鲁氏碘液、苏丹Ⅲ染色液、亚甲蓝染色液、碱性复红染色液、酸性酒精。

4. 器材

显微镜、接种环、载玻片、盖玻片、擦镜纸等。

11.3 实验内容与步骤

1. 酵母菌细胞形态的观察(视频17)

(1)在干净的载玻片上,加1小滴亚甲蓝染色液,按无菌操作要求,用接种环从培养48 h的啤酒酵母培养斜面上,挑取少量菌体,放在载玻片染色液中轻轻混匀,取盖玻片一块,先将盖玻片一边接触液体,轻轻再放下,使不产生气泡,然后在显微镜下观察。注意酵母菌细胞形状、大小、出芽以及死活情况。

视频17
酵母菌水浸片制片
及显微观察

(2)取鲁氏碘液1滴于载玻片中央,同上法制成染色水浸片,在高倍镜下观察,细胞质呈黄色,肝糖粒呈红褐色。

(3)取苏丹Ⅲ染色液于载玻片中央,同上法制片,镜检时脂肪粒呈黑褐色或赤色。

(4)在干净的载玻片上加1滴蒸馏水,按无菌操作要求挑取在麦氏培养基上培养3~7 d形成子囊孢子的啤酒酵母少许,放入水中混匀,制成涂片,固定后用碱性复红染色液加热染色5~10 min(不能沸腾),倾去染液,用酸性酒精冲洗30~60 s以脱色,再用水洗去酒精,最后加亚甲蓝染色液染色,数秒后用水洗去。干燥后置于显微镜下观察,子囊孢子为赤色,菌体为青色。

2. 酵母菌菌落特征的观察

仔细观察酵母菌的菌落,其菌落特征大致和细菌相似,菌落表面光滑、湿润、有黏稠性和油脂光泽,易挑取,多数呈白色或乳白色,少数呈红色,当培养时间较长时,菌落颜色变暗,但一般较细菌菌落大而厚,有特殊的酒香味。

11.4 注意事项

(1)酵母菌制片注意不要挑太多菌苔。

(2)用亚甲蓝染色时,死的酵母菌细胞被染成蓝色,活的酵母菌细胞染不上色,因为它能将亚甲蓝还原成无色。

11.5 作业与思考题

(1)绘出酵母菌菌体细胞芽殖及子囊孢子形态图。

(2)试比较酵母菌和细菌的形态、构造和繁殖方式。

实验 12 培养基的制备

12.1 实验目的与原理

1. 目的

了解并掌握配制培养基的原理、培养基的类型，掌握培养基的配制方法和操作步骤。

2. 原理

培养基是人工配制的适合微生物生长繁殖或积累代谢产物的营养基质。把一定的培养基放入一定的器皿中，就提供了人工繁殖微生物的环境和场所。自然界中，微生物种类繁多，由于微生物具有不同的营养类型，对营养物质的要求也各不相同，加之实验和研究目的不同，所以培养基在组成原料上也各有差异。但是，在不同种类和不同组成的培养基中，均应含有满足微生物生长发育的水分、碳源、氮源、无机盐和生长因子以及某些特需的微量元素等。此外，培养基还应具有适宜的酸碱度(pH)和一定缓冲能力及一定的氧化还原电位和合适的渗透压。总之，培养基是微生物学研究和微生物发酵生产的基础。不同营养类型的微生物应采用不同的培养基进行培养。

12.2 培 养 基

12.2.1 培养基的类型

根据微生物的种类和实验目的不同，培养基的类别如下。

1. 按照配制培养基的营养物质来源

(1)天然培养基 凡是利用来自生物的组织、器官以及它们的抽提物或制品制成的一类培养基,这类培养基中含有化学成分不确定的天然有机物。

(2)半合成培养基 采用天然有机物质作为氮源和生长物质,再添加一部分已知成分的化学药品作为碳源和无机盐的培养基,称为半合成培养基。在微生物学工作中,半合成培养基是应用最广泛的一类培养基。此类培养基的特点是:一部分成分和含量是已知的,而另一部分的成分和含量还不十分清楚。例如,用于培养真菌的马铃薯蔗糖培养基成分为:马铃薯 200 g,蔗糖 20 g,水 1 000 mL。其中蔗糖是已知的,而马铃薯的成分则不完全知道。

(3)合成培养基 完全采用已知成分的化学药品配制而成的培养基,称为合成培养基。此种培养基,由于可以精确地掌握各成分的性质和数量,常用于研究微生物形态、生理特性以及微生物代谢产物的测定等方面。

2. 按照培养基制成后的物理状态

(1)液体培养基 把各种材料的抽提物或化学药品按一定量溶于定量的水中,即得到液体培养基。目前,微生物发酵工业或微生物制品工业大都采用液体培养基在发酵罐中进行深层培养或深层通气培养进行生产。

(2)固体培养基 在液体培养基中,添加凝固剂,即制成固体培养基。常用的凝固剂有琼脂(或称冻粉、洋菜)、明胶、硅酸钠等,其中琼脂最为常用。琼脂在 95 ℃以上的热水中开始由凝胶熔化为溶胶,熔化后的琼脂,冷却到 45 ℃以下重新凝固,且在一般微生物的培养温度范围内(25～37 ℃)不会熔化而保持良好的固体状态。实验室中,琼脂的使用量一般可控制在 1.5%～2.0%。

除上述外,固体曲料可看作一种不加凝固剂的固体培养基,如麦麸豆饼粉培养基、麦麸玉米粉培养基等,这类培养基在微生物生产中具有特殊的重要意义,其制法大都是直接用固体原料加水拌成的,酿造工业上用于制曲。

(3)半固体培养基 此类培养基实际上是在液体培养基中加入少量凝固剂制成的质地柔软的固体培养基,一般在液体培养基中加入 0.2%～0.8%琼脂即成。此种培养基可采用穿刺接种法来观察细菌的运动性、细菌对糖类的发酵能力等。

3. 按照培养基的用途

(1)基础培养基 营养要求相似的微生物所需要的营养物质比较接近,除少数几种外,其大多数物质是相同的。因此,基础培养基中含有一般微生物生长繁殖所需的基本营养物质。例如,牛肉膏蛋白胨琼脂,其中含有一般腐生性细菌所需的营养成分,是适用于细菌培养的基础培养基。另外,根据某些微生物种类要求大部分营养物相同这一原则，可先配制一种基础培养基，再根据某种微生物的特殊需求，在基础培养基内加入所需要的物质。

(2)加富培养基　也称增殖培养基，通常指在基础培养基中加入有利于某种微生物生长繁殖所需的额外特殊营养物质而制成的一类营养丰富的培养基。该培养基能使这类微生物增殖速度比其他微生物快，从而使这类微生物能在混有多种微生物的情况下占优势地位。特别是那些自然界中数量较少的微生物，经过有意识的增殖培养再进行分离，就增大了分离到这种微生物的概率。

(3)选择培养基　此类培养基是在一定的培养基中加入某些物质或除去某些营养物质以阻抑一般腐生性微生物的生长，从而达到有利于某一个类群或某一种微生物生长的目的。因此，即可从微生物混杂的自然环境中分离出某种所需要的微生物。有时也可在培养基中加入某些药剂(如染料、有机酸、抗生素等)以抑制某些微生物的生长而制造对特定微生物种类优先生长的条件。

(4)鉴别培养基　此类培养基主要用来检查微生物的某些代谢特性，一般是在基础培养基的基础上，将培养基的组成成分进行补充或调整而制成的。例如，利用细菌对各种糖类及指示剂的反应，可观察细菌对糖类分解的情况，如加入杜氏(Durham)小管的糖发酵液、双糖和三糖培养基。测定微生物其他生理生化特性用的培养基，也是应用类似的原理。例如，醋酸铅培养基可用于鉴别细菌是否产生硫化氢；明胶培养基可用来观察细菌是否有液化明胶的能力等。

12.2.2　配制培养基的一般步骤

培养基配制的大致流程如下：

原料称量与溶解→调节 pH→过滤和澄清→分装→塞棉塞和包扎→灭菌。

1. 原料称量与溶解(视频 18)

根据培养基配方，准确称取各种原料成分，在容器(常用铝锅或不锈钢锅)中加所需水量的一半，然后依次将各种原料加入水中，用玻璃棒搅拌使之溶解。某些不易溶解的原料如蛋白胨、牛肉膏等可先在小容器(烧杯或搪瓷杯)中加少许水加热溶解后再冲入容器中。有些原料需用量很少，不易称量，可先配成高浓度的溶液，再按比例换算后取一定体积的溶液加入容器中。待原料全部放入容器后，加热使其充分溶解，并补足需要的全部水分，即成液体培养基。

视频 18
原料称量与溶解

配制制备斜面的固体培养基时，还需先熔化琼脂(视频 19)。具体方法是预先将琼脂称好(粉状琼脂除外，条状琼脂用剪刀剪成小段，以便熔化)，然后将液体培养基煮沸,再把琼脂放入,继续加热至琼脂完全熔化。在加热过程中应注意不断搅拌,以防琼脂沉淀烟底烧焦,并应控制火力,以免培养基因暴沸而溢出容器。待琼脂完全熔化后,再用热水补足因蒸发而损失的水分。

2. 调节 pH(视频 20)

液体培养基配好后,一般要调节至所需的 pH。常用稀盐酸或稀氢氧化钠溶液进行调节。为避免调节时过量,应少量多次缓慢加入稀酸或稀碱溶液,并边滴加边搅匀液体培养基。

视频 19
加热熔化琼脂

视频 20
调节 pH

固体培养基酸碱度的调整与液体培养基相同,一般在加入琼脂前进行。加入琼脂后,如需再进行调整,应注意将培养基温度保持在 60 ℃以上,以防因琼脂凝固而影响工作进行。

3. 过滤和澄清

培养基配成后,往往因其中含有某些未溶解的物质而混浊或不透明。应在分装前用滤纸或多层纱布过滤,除去沉渣、颗粒,使之澄清透明。特别是用于观察微生物的培养特征及生长情况、生理生化以及用于平板计数的固体培养基,都要求使用培养基过滤和澄清的方法,增加其透明度。但供一般使用的常用培养基可省略此步骤。

4. 分装(视频 21)

培养基配好之后,要根据不同的使用目的,分装到各种不同的容器中,如试管、三角瓶等。用于不同途径的培养基,其分装量应视具体情况而定,要做到适量、实用。分装量过多、过少或使用容器不当,都会影响随后的工作。

培养基都是各种营养物质的混合液,且大都具有黏性,在分装过程中,应注意不要使培养基沾染管口和瓶口,以免弄湿或粘住棉塞,造成污染。

分装至试管:若是要制备斜面(视频 22)用,则分装培养基通常使用一个大漏斗(小容量分装)或医用灌肠用瓷缸(大容量分装),吊在漏斗架上或墙上,下口连接一段软橡皮管,橡皮管下面再连一小段末端开口处略细的玻璃管,在橡皮管上夹一个弹簧夹。分装时,将熔化的固体培养基趁热倒入分装漏斗中,左手并

视频21
分装与包扎

视频22
分装斜面试管

排拿数支试管，右手将玻璃嘴插入试管内，不要触及管壁，右手捏开弹簧夹，注入定量培养基后，先止住液体、再抽出试管，仍不要触及管壁或管口，通过此方式让培养基依次加入各试管。此分装方法主要用于将制备斜面的固体培养基分装至试管中。

如果大量成批定量分装液体培养基，可用定量注液器，即将培养基盛入500 mL或1 000 mL定量注液器中，调好所需体积，然后通过抽提、压送，即可分装到试管中。注意抽出试管时，勿使培养基沾染管口。或者是采用移液管和洗耳球，或是移液器吸取液体于试管中。

分装至三角瓶：若配制固体培养基，可提前加入琼脂粉或琼脂条至三角瓶底部（按添加量1.5%～2.0%计）。再取液体培养基100～150 mL分装于250 mL三角瓶中。轻微振荡摇动三角瓶，使琼脂条完全浸没于液面下。这种方法可利用灭菌时的高温来熔化琼脂，使熔化琼脂与灭菌同时进行，节省了配制培养基时熔化琼脂所需的时间。

培养基的分装量，必须依照使用目的及实验的具体情况决定。

5．塞棉塞和包扎

培养基分装到各种规格的容器（如试管、三角瓶、克氏瓶等）后，应按管口或瓶口的不同大小分别塞以大小适度、松紧适合的棉塞。此外，现配现用的培养基，还可使用铝质试管帽。加棉塞的作用主要在于阻止外界微生物进入培养基内，防止由此可能导致的污染，同时还可保证良好的通气性能，使微生物能不断地获得无菌空气。塞棉塞后，管装培养基可若干支扎成一捆，或排放在铁丝筐内。由于棉塞外面容易附着灰尘及杂菌，且灭菌时容易凝结水汽，因此，在灭菌前和存放过程中，应用牛皮纸或报纸将管口、瓶口或试管筐包起来，再用橡皮圈或线绳扎紧。现在许多实验室已用硅胶塞代替棉塞，简便并可反复使用。分装好的培养基，可放入灭菌筐及灭菌锅中，待灭菌以后使用。

6．灭菌

一般情况下，经分装、塞棉塞、包扎后的培养基应立即放入高压蒸汽灭菌锅中进行灭菌。如延误时间，则因杂菌繁殖滋生，可能导致培养基变质而不能使用。特别是在夏季炎热天气，如不及时灭菌，数小时内培养基就可能变质。若确实不能立即灭菌，可将培养基暂放 4 ℃冰箱或冰柜中，但时间也不宜过久。

灭菌后，需做斜面的试管，应趁热及时放成斜面。斜面可在特制的斜面架上（粗细适宜的玻璃棒或木棒）摆放，斜面的斜度要适当，使斜面的长度不超过试管长的 1/2。摆放时注意不可使培养基沾染棉塞，冷凝过程中勿再移动试管，待斜面完全凝固后，再进行收放（视频 23）。

视频 23
摆斜面

12.3 实 验 用 品

1. 试剂

牛肉膏、蛋白胨、NaCl、琼脂、马铃薯、蔗糖或葡萄糖、1 mol/L NaOH、1 mol/L 盐酸。

2. 器材

试管、三角瓶、电炉或电磁炉、烧杯、量筒、玻璃棒、天平、牛角匙、漏斗、pH 试纸、棉塞或硅胶塞、棉绳、纱布、高压蒸汽灭菌锅等。

12.4 实验内容与操作

1. 牛肉膏蛋白胨培养基的制备

(1)药品的称量与溶解　按培养基配方依次准确称牛肉膏、蛋白胨、NaCl 放入烧杯或搪瓷缸中，加入所需水量后，用玻璃棒搅拌加热使其溶解，然后补充水分至所需体积。如果是固体培养基，则先把琼脂加热熔化后，再加入药品溶解，最后补足水分。注意要边加热边搅拌，防止煳底，并控制好火力。

(2)调节 pH　用玻璃棒蘸培养液少许，以 pH 试纸测定酸碱度。通常初配好的牛肉膏蛋白胨培养基是微酸性的，需逐滴加入 1 mol/L 的 NaOH 来调整 pH 至 7.2～7.4。

(3)过滤　趁热用纱布或脱脂棉过滤，一般此步骤可省去。

(4)分装

①液体分装：分装高度以试管高度的 1/4 左右为宜；分装三角瓶则根据需要而

定，一般不超过三角瓶体积的 1/2。

②固体分装：制作斜面时，一般不超过试管高度的 1/5；分装三角瓶则一般不超过三角瓶体积的 1/2。

③半固体分装：一般以试管高度的 1/3 为宜。

(5)塞棉塞和包扎　棉塞或硅胶塞的大小和松紧要合适。加塞后，试管 7 或 9 根各捆成一捆，再在塞子外包一层牛皮纸，用棉绳或橡皮筋扎好。三角瓶加塞后，外包牛皮纸用棉绳扎好。标记培养基名称、类型、日期等信息。

(6)灭菌　121 ℃高压蒸汽灭菌 20 min。

(7)灭菌后的处理　斜面趁热摆放，平板在培养基冷却至 60 ℃左右时倾倒。

2. 马铃薯蔗糖琼脂培养基的制备

(1)药品的称量与溶解　取马铃薯洗净去皮，根据培养基配方称取，切成1 cm^3 小块，放入搪瓷杯中，放入适量的水，煮沸 30 min；用纱布过滤，去除马铃薯块或泥，汁液中补足水分，加入称好的琼脂，不断搅拌至琼脂完全熔化，再加入蔗糖溶解；补足水分。

(2)分装、塞棉塞、包扎、灭菌等　步骤同牛肉膏蛋白胨培养基的配制。

12.5　注 意 事 项

(1)本实验应参考“配制培养基的一般步骤”。

(2)蛋白胨易吸湿，称取时动作要快。

(3)马铃薯应选用不发芽、不发青的，去皮时应挖去芽眼。

(4)调 pH 时应少量多次逐滴加入，尽量避免回调而带入过多的无机离子。

12.6　作业与思考题

(1)配制培养基应注意哪些问题?

(2)简述培养基的类别。

(3)马铃薯蔗糖培养基属于哪类培养基?它适于培养哪类微生物?

实验 13 消毒和灭菌

13.1 实验目的与原理

1. 目的

了解消毒和灭菌的原理，掌握干热灭菌的原理和应用范围，学习干热灭菌的操作技术，掌握高压蒸汽灭菌锅的构造、灭菌原理及操作方法。

2. 原理

灭菌的原理是应用物理或化学的方法杀死物品上或环境中的所有微生物。灭菌后的物品即处于无菌状态。消毒是应用物理或化学的方法杀死物体上的病原微生物。物品经消毒处理后，虽仍有少数微生物未被杀死，但已不能引起有害作用。

在微生物学实验、生产和研究中，需要进行纯培养，要求不能有任何杂菌。因此，对所用器材、培养基都需要进行灭菌处理，工作场所也应进行消毒，才能保证工作顺利进行。

高温可以使细胞原生质变性而失去生命能力，因此一般采用加热的办法进行灭菌和消毒。紫外线有强杀菌作用，常用于工作室的空气消毒。许多化学试剂对细菌有毒害和致死作用，也常用作灭菌剂和消毒剂。下面介绍几种常用的灭菌方法。

13.2 灭　　菌

13.2.1 干热灭菌

1. 烧灼

直接用火焰烧灼，迅速彻底。对于接种环、接种针或其他金属用具，可直接在酒精灯火焰上烧至红热进行灭菌。此外，在接种过程中，试管或三角瓶口，也采用通过火焰而达到灭菌的目的。

2. 干热灭菌

通过使用干燥热空气(160～170 ℃)去杀灭细菌的方法称为干热灭菌。玻璃器皿(如吸管及培养皿等)、金属用具等凡不适于用其他方法灭菌而又能耐高温的物品都可用此法灭菌，而培养基、橡胶制品、塑料制品等都不能用干热灭菌。

13.2.2 常压蒸汽灭菌

常压蒸汽灭菌是湿热灭菌法之一。

常压蒸汽是指在不能密封的容器里，将水烧开产生蒸汽。在这种情况下，蒸汽的压力不超过大气压力，温度不超过 100 ℃。在不具备高压蒸汽灭菌设备的情况下，常压蒸汽灭菌是最常用的灭菌方法。另外，一些不宜用高压蒸煮的灭菌对象如糖液、牛奶等培养基的灭菌应采用常压下间歇灭菌。

1. 常压蒸汽间歇灭菌

这种灭菌方法是将培养基或其他灭菌物品放在阿诺氏灭菌器或蒸笼内，每天蒸煮 1 次，每次 30 min，连续蒸煮 3 次。在每 2 次蒸煮之间，将培养基或灭菌物品放在 28～30 ℃培养 24 h，这样，在第 1 次蒸煮时可将培养基中一切微生物的营养体杀死。放在 28～30 ℃培养 24 h 后，芽孢发芽成为营养体，在第 2 次蒸煮时又可被杀死。极少数在第 1 次培养中新形成的芽孢在第 3 次培养时转化为营养体，在第 3 次蒸煮时也被杀死。经过蒸煮 3 次，培养 2 次，基本上可达到完全灭菌。

2. 常压蒸汽持续灭菌

这种灭菌方法实际上是在常压蒸汽灭菌器或在蒸笼中延长蒸煮时间的方法，即从蒸汽大量冒出(或称“元气”)开始继续加大火力使保持充足蒸汽，持续加热 3～6 h，可以杀死大部分芽孢，基本上达到灭菌目的。

13.2.3 高压蒸汽灭菌

此法是将物品放在密闭的高压蒸汽灭菌器(俗称高压蒸汽灭菌锅)内 0.1 MPa、121 ℃保温 15～30 min。这种灭菌方法适用于所有能够耐高温的物品。时间的长短可根据具体情况有所变化。

高压蒸汽灭菌是微生物灭菌技术措施中应用最广、效果最好的湿热灭菌方法。一般微生物的营养细胞在水中煮沸后即被杀死，但细菌的芽孢有较强的抗热性，水中煮沸 10 min，甚至 1～2 h，也不能完全杀死。因此，有效的、彻底的灭菌则需要更高的温度，并要求能在较短的时间内达到灭菌的目的。根据蒸汽的温度随压力的增加而提高，压力越大、温度越高的原理，高压蒸汽灭菌是在密闭的高压蒸汽灭菌器中进行的。

在此密闭容器中，加热使灭菌器内的水产生蒸汽，驱除容器内的空气后，使蒸汽不能逸出，这样就增加了灭菌器中的压力。水的沸点和蒸汽的温度随之上升，因而能够获得比 100 ℃更高的蒸汽温度，用来进行有效的灭菌。一般将灭菌器中压力提高一个气压(即 1.05 kgf/cm^2)，灭菌 40 min，此时的温度是 121.5 ℃，则可达到完全灭菌的要求。

在同一温度下，湿热的杀菌效果比干热大。其原因有三：一是湿热中菌体吸收水分，蛋白质较易凝固，因蛋白质含水量越高，所需凝固温度越低；二是湿热的穿透力比干热大；三是湿热的蒸汽有潜热存在。

在使用高压蒸汽灭菌器进行灭菌时，灭菌器内冷空气的排除是否完全极为重要。因为在同一温度下，水蒸气中含有空气时所达到的压力高于不含空气的水蒸气压力，即在同一压力下的实际温度，含空气的蒸汽低于饱和蒸汽。表 13-1 所列为高压蒸汽灭菌器中温度与压力的关系。

表 13-1　灭菌器中保留不同量空气时温度与压力的关系

压力表读数[a]		灭菌器内实际压力[b]		不同温度下空气残留量/%				
kgf/cm^2	lbf/in^2	kPa	kPa	100 ℃	75 ℃	50 ℃	25 ℃	0 ℃
0.070	1	6.90	108.23	60.6	63.8	79.9	92.2	101.9
0.141	2	13.79	115.12	63.5	68.1	82.9	94.5	103.6
0.352	5	34.48	135.81	71.6	78.6	90.9	100.6	108.4
0.563	8	55.17	156.50	79.7	87.1	97.4	105.7	112.6
0.703	10	68.96	170.29	83.1	91.9	101.2	108.8	115.2
1.055	15	103.45	204.78	92.7	101.7	109.2	115.4	121.0
1.406	20	137.93	239.26	101.1	109.5	115.6	121.0	126.0
1.758	25	172.41	273.74	108.6	115.8	121.1	125.7	130.4
2.110	30	206.89	308.22	115.3	121.1	125.7	129.9	134.5

注：a. 1 kgf/cm^2＝14.223 1 lbf/in^2＝98.066 5 kPa。

b. 灭菌器内实际压力＝压力表读数(kPa)＋101.33 kPa。

由表 13-1 可看出：灭菌器中如不排除空气，当压力升高到约 1.05 kgf/cm^2 时，其实际温度达不到 121 ℃，达不到灭菌的目的。

在空气完全排除的情况下，一般培养基在 15 lbf/in^2 或 1.05 kgf/cm^2 下灭菌 30 min 即可。但对某些物体较大或蒸汽不易穿透的灭菌物品，如草炭、土壤、固体曲料等，则应适当延长灭菌时间，或将气压提高到 1.4 kgf/cm^2，使水蒸气温度到 126.5 ℃保持 1～2 h。

高压灭菌器有立式、卧式及手提式等不同类型，但其基本构造大致相同。高压蒸汽灭菌器的基本构造（视频 24）如下：

外锅：或称“夹套”，供装水发生蒸汽。有水位玻管以判定装水量。外锅外侧一般均有石棉或玻璃棉的绝缘层，防止散热。如直接使用“硬汽”（由锅炉发生的高压汽），则外锅内充满蒸汽作为内锅保温之用。

热源：高压灭菌锅除硬汽式外，都有加热装置，可分电（底部装有电热丝）、油（另有打气煤油炉）、煤（附有煤炭炉）3 种类型。现多以电为热源。

视频 24
手提式灭菌锅
基本构造

内锅：或称“灭菌室”，是放置灭菌物的空间。可配置铁箅架分放灭菌物。

压力表：外锅、内锅各装 1 只。有的压力表上标有 3 种单位，即公制压力单位（kgf/cm^2）、英制压力单位（lbf/in^2）和温度单位（℃），便于参照查对。

温度计：可分 2 种，一种是直接插入式的水银温度计，装在封闭的铜管里，焊插在内锅中；另一种是感应式仪表温度计，其感应部分安装在内锅的排气管内，仪表安装在锅外顶部，便于观察。

排气阀：一般外锅、内锅各 1 个，用于排出空气。新型的灭菌器多在排气阀外装有汽水分离器（或叫疏水管）。内有由膨胀盒控制的活塞，利用空气、冷凝水与蒸汽之间的温差控制开关，在灭菌过程中，可不断地自动排出空气和冷凝水。

安全阀：或称保险阀。利用可调弹簧控制活塞，超过额定压力即自行放气减压。通常可调在额定压力之下，略高于使用压力。但安全阀只供超压时安全报警之用，不可在保压保温时用作自动减压装置。

高压灭菌器根据智能类型还可分为全自动高压灭菌器、半自动高压灭菌器、手动式高压灭菌器。

13.2.4 过滤除菌

有些不耐热的液体物质，不能用加热灭菌的方法进行灭菌，如抗生素、血清、疫苗、毒素、糖类溶液、维生素等，可用细菌过滤器滤除细菌。当溶液通过滤膜时，溶液中的细菌等微生物由于不能通过滤膜而被阻挡在滤膜上，通过这种物理阻隔作用来去除微生物。细菌过滤器由孔径极小且能阻挡细菌通过的陶瓷、硅藻土、石棉或玻璃粉等制成。细菌过滤器的类型很多、主要有硅藻土过滤器、陶瓷滤器、石棉板滤器、玻璃滤器、蔡氏过滤器、微孔滤膜过滤器等。目前最广泛利用的是微孔滤膜过滤器，由醋酸纤维、硝酸纤维素等制成，其孔径大小不同，常用的有 0.22 μm 和 0.45 μm 等规格。

13.2.5 辐射灭菌

常用的是紫外线和 γ-^{60}Co 射线。紫外线波长在 265～266 nm 处杀菌力最强。此波长的紫外线易被细胞中核酸吸收，造成细胞损伤而杀菌。紫外线广泛应用于无菌室和接种箱中空气灭菌，但紫外线穿透能力很弱。γ-^{60}Co 射线广泛应用于不能加热灭菌的纸、塑料薄膜，各种积层材料制作的容器以及医用生物敷料包装等的灭菌。γ-^{60}Co 射线的最大优点是穿透能力强，可在厚包装完好条件下灭菌。

13.3 消　毒

13.3.1 巴氏消毒

将待消毒的液体食品在 62～65 ℃加热 30 min 或 70～75 ℃处理 15 min 后迅速冷却，以杀死其中可能存在的病原菌和一些微生物的营养细胞，降低致病菌数量。该法处理可保持食品的营养与风味，啤酒、黄酒、酱油、醋、牛奶等均用此法消毒。

13.3.2 煮沸消毒

煮沸消毒是将物品在沸水中(100 ℃)处理 15～30 min，可杀死细菌的所有营养细胞和部分芽孢。可用于不耐热物品的消毒或处理实验后的废弃微生物。

13.3.3 化学试剂消毒

常用化学消毒剂种类很多，如 70%～75%乙醇、2%来苏儿、0.1%升汞、3% H_2O_2、0.5%～1%漂白粉、2.5%碘酒、0.05%～0.1%新洁尔灭、2%～4%龙胆紫(紫药水)、3%～5%石炭酸、0.5%～10%甲醛、0.1%高锰酸钾等。

(1)70%～75%乙醇　常用于桌面、实验台面、超净工作台面、手部皮肤、器皿等表面消毒。

(2)3% H_2O_2　常用于清洗伤口、污染物件的表面消毒。

(3)3%～5%石炭酸　常用于空气、地面、家具、器皿的消毒。

(4)0.1%升汞　用于器皿、植物组织等外表消毒。

(5)2.5%碘酒　常用于皮肤消毒。

(6)2%～4%龙胆紫　常用于皮肤、伤口消毒。

(7)0.5%～1%漂白粉　常用于饮水、空气(喷雾)、体表的消毒处理。

(8)0.5%～10%甲醛　常用于物品消毒、接种箱、实验室和厂房熏蒸。

(9)0.1%高锰酸钾　常用于皮肤、水果、蔬菜等消毒。

13.4　实验用品

培养皿、试管、吸管、烘箱、牛肉膏蛋白胨培养基、高压蒸汽灭菌锅等。

13.5　实验内容与操作

1. 干热灭菌法(视频25)

(1)装入待灭菌的物品　将包好的待灭菌物品放入烘箱内,关好箱门。

(2)灭菌　接通电源,打开开关,调节温度,开启烘箱排气孔。当温度升至100 ℃时,关闭排气孔,待温度升至160 ℃时开始计时,1～2 h后关闭烘箱开关,切断电源。

(3)开箱取物　待烘箱温度下降至70 ℃以下后,打开箱门,取出灭菌物品。

2. 手提式高压蒸汽灭菌法(视频26)

(1)加水　使用前在锅内加入适量水。

(2)装锅　将灭菌物品放在搁架上,不要过满,盖好锅盖,注意盖正,然后将锅盖四周固定螺旋旋紧,打开排气阀。

(3)加热排气　加热后,待锅内沸腾且排气阀有大量蒸汽冒出时,维持2～5 min,如灭菌物品较大或放入不易透气物品时,可适当延长排气时间,务必使冷空

视频25　培养皿的干热灭菌

视频26　手提式半自动灭菌锅使用方法

气充分排出，然后关闭排气阀。

(4)保温保压　当压力升至 15 lbf/in² 时，温度达到 121 ℃，此时应控制热源、保持压力，维持 30 min 后，隔断热源。

(5)出锅　当压力表降至“0”处，稍停，使温度降至 100 ℃以下后，打开排气阀，随即旋开固定螺旋，开盖，取出灭菌物。

(6)保养　灭菌完毕取出物品后，将锅内余水倒出，以保持内壁及搁架干燥。盖好锅盖。

13.6 注意事项

(1)玻璃器皿如培养皿、吸管等在干热灭菌前应洗净、晾干(一定注意干燥，如有水滴，灭菌易炸裂)并包装。

(2)灭菌物品在电烘箱内不能堆放得太满，一般不超过总容量的 2/3，灭菌物品之间应留有一定的空隙。

(3)灭菌物品不能直接放在烘箱的底板上，即使需要放得很低，也要用铁箅子架起。灭菌物品的包装物，如纸、棉花或纱布等，不要接触到烘箱内壁的铁板，因为铁板温度一般高于箱内空气温度(温度计所示温度)，容易烤焦着火。

(4)干热灭菌温度以控制在 165 ℃保持 1 h 为宜。超过 170 ℃，包装纸就将变黄；超过 180 ℃，纸或棉花等就会烤焦甚至燃烧。如不慎或其他原因导致烘箱内发生纸或棉花烤焦或燃烧事故时，应先关闭电源，将进气孔、排气孔关闭，令其自行降温到 60 ℃以下，才能打开箱门进行处理。切勿在未切断电源前打开箱门或排气孔，以免造成更大事故。

(5)正常情况下，干热灭菌完毕，让其自然降温到 100 ℃以下，打开排气孔促使降温，降到 70 ℃以下时(应视室温而定)再打开箱门取出灭菌物品，以免骤然降温使玻璃器皿爆破。

(6)高压蒸汽灭菌锅内加水不可过少，过少则易将灭菌锅烧干，引起爆炸事故。

(7)高压蒸汽灭菌锅内冷空气必须完全排尽后，才能关闭排气阀。

(8)切勿当高压蒸汽灭菌锅内压力在“0”点以上、温度在 100 ℃以上时开启排气阀，否则压力骤然降低，会造成培养基剧烈沸腾而冲出管口或瓶口，污染棉塞，后续培养时引起杂菌污染。

13.7 作业与思考题

(1)干热灭菌过程中要注意哪些问题?

(2)高压蒸汽灭菌开始之前,为何要将锅内冷空气排尽?

(3)为何高压蒸汽灭菌比干热灭菌时间短、温度低?

实验14 微生物接种

14.1 实验目的与原理

1. 目的

学习微生物的基本接种方法，建立纯培养技术中的“无菌”概念，进一步掌握无菌操作技术。

2. 原理

微生物接种是微生物研究中的一项最基本的操作技术。微生物接种是利用无菌操作技术，给无菌培养基接种目的微生物。接种培养基有斜面、平板、液体、半固体等，接种操作略有不同，接种工具也有所不同。

14.2 实验器材

1. 菌种

大肠杆菌(*Escherichia coli*)。

2. 培养基

牛肉膏蛋白胨培养基，包括斜面、平板、液体、半固体等。

3. 其他器材

接种环(针)、酒精灯、酒精棉、刮铲等。

14.3 实验内容与步骤

1. 接种前的准备

菌种分离或移接工作应在无菌环境中进行，接种室、接种箱或超净工作台是常用的接种环境。使用前先清洁好卫生，再进行消毒处理。接种室、接种箱可用紫外线灯和甲醛熏蒸的双重作用，或用 3% 来苏儿及其他表面消毒剂进行喷雾。超净工作台常用酒精棉球进行消毒处理。

操作者的手应先用肥皂洗净，再用酒精棉球消毒；整个操作过程都要靠近酒精灯火焰；金属和玻璃类接种工具在用前和用后必须在火焰上烧灼灭菌；棉塞不得乱放，操作中只能夹在手上；不能有跑、跳等力度大的动作，以免引起空气大振动而增加染菌机会。

2. 斜面接种法(视频 27)

把各种培养条件下的菌种，接入斜面上(包括从试管斜面、培养基平板、液体纯培养物等中把菌种移接于斜面培养基上)。这是微生物学中最常用、最基本的技术之一。接种前，需在待接种试管上贴好标签，或用签字笔注明菌名及接种日期。接种最好在无菌室或无菌箱内进行，若无此条件，可在较清洁密闭的室内进行。室内应事先消毒，桌面要清洁，除去灰尘和杂物，用 3% 来苏儿擦洗桌面。斜面菌种移接的基本操作方法及注意事项见实验 1，具体步骤如下。

视频 27
斜面接种

(1)点燃酒精灯，灯焰周围 1～2 cm 处的空间为无菌区，所以在酒精灯火焰旁进行无菌操作法接种，可避免杂菌污染。

(2)将菌种及接种用的斜面培养基(即两支斜面试管)同时握在左手中，使中指位于两试管之间。管内斜面向上，两试管管口相互平行，两支试管处于接近水平位置，用右手的小指、无名指及手掌在火焰旁同时拔去两支试管的棉塞，并使管口在火焰上通过，以杀死试管口的杂菌。随后把管口移至火焰近旁 1～2 cm 处。

(3)右手拿接种环，先垂直、后水平方向把接种环放在火焰上烧灼。凡是需进入试管的金属杆部分均应通过火焰烧灼，下端的环心须烧红，以彻底灭菌。烧灼时，应把环放在酒精灯之外焰(氧化焰)上，因外焰温度高，易于彻底灭菌。

(4)将烧过的接种环伸入菌种管内，先使接种环接触斜面上端的培养基或试管壁，使接种环充分冷却，待培养基不再被接种环熔化时，即可将接种环伸向斜面中部蘸取少量菌体，然后小心地将接种环从试管内移出。注意移出时不能让接种环接触管壁和管口。取出后，接种环不能通过火焰，在火焰旁抽出并迅速伸入新培养基斜面管内，在斜面下 1/5 处，由下至上轻轻划线。注意不要把培养基划破，也不要把菌沾在管壁上。此过程要迅速、准确完成。

(5)接种完毕，试管口必须迅速转动通过火焰灭菌，在火焰旁塞入棉塞。注意不要使试管离开火焰去迎棉塞，以免进入带菌空气。操作中如不慎使棉塞着火，要迅速塞入试管内，由于缺氧，火会自然熄灭。若棉塞外端仍然着火，也不要用嘴吹，迅速用手捏几下棉塞，即可熄灭。

(6)划线完毕，接种环要烧灼灭菌，才能放回原处，以免污染环境。放回接种环后，再进一步把试管的棉塞塞紧。置于 37 ℃下培养 1～2 d，每天观察是否染菌。

3. 液体接种

液体接种是一种用移液器、滴管或接种环等工具将菌液移接到培养基中的方法。移液器的吸头（Tip 头）不同于其他接种工具，不能烧灼，可预先高压蒸汽灭菌。移液器（移液枪）液体接种的正确使用方法（视频 28）如下。

视频 28
移液器的使用

(1)量程的调节　在调节量程时，如果要从大体积调为小体积，则按照正常的调节方法，逆时针旋转旋钮即可；但如果要从小体积调为大体积时，则可先顺时针旋转刻度旋钮至超过量程的刻度，再回调至设定体积，这样可以保证量取的最高精确度。在该过程中，千万不要将按钮旋出量程范围，否则会卡住内部机械装置而损坏移液器。

(2)枪吸的装配　在安装吸头之前，先用酒精棉球擦拭移液器全身，防止染菌（注意：移液器不可烧灼，也不可用其他方法灭菌）。在装配移液器吸头时，不可直接用移液器敲击吸头盒，这样会导致移液器的内部配件（如弹簧）因敲击产生的瞬时撞击力而变得松散，甚至会导致刻度调节旋钮卡住。正确的方法是将移液器垂直插入吸头中，稍微用力左右微微转动即可使其紧密结合。如果是多道（如 8 道或 12 道）移液器，则可以将移液器的第 1 道对准第 1 个吸头，然后倾斜地插入，往前后方向摇动即可卡紧。吸头卡紧的标志是略微超过 O 形环，并可以看到连接部分形成清晰的密封圈。

(3)移液的方法　因为要无菌操作，所以在移液之前，吸头对着火焰反复吹吸几次（注意不要烧灼到移液器），把吸头里的空气置换成无菌空气，减少染菌机会，另外吸取液体菌种时，先用大拇指将按钮按下至第一停点，把吸头里的空气排出，再去吸取菌液。吸取液体时，移液器尽量保持竖直状态，将吸头插入液面下 2～3 mm。缓慢松开控制按钮，否则液体进入吸头过速会导致液体倒吸入移液器内部，使吸入体积减小，也易染菌。吸出菌液后，在火焰旁快速将菌液打入培养基或培养液中，打出液体先按到第 1 挡，稍微停顿 1 s 后，待剩余液体聚集后，再按到第 2 挡将剩余液体全部压出。

(4)移液器的正确放置　使用完毕，可以将其竖直挂在移液器架上，但要注意别掉下来。当移液器吸头里有液体时，切勿将移液器水平放置或倒置，以免液体倒流腐蚀活塞弹簧。

4. 穿刺接种(视频 29)

穿刺接种常用于保藏菌种或细菌运动性的检查。一般适用于细菌、酵母菌的接种培养。用接种针蘸取少许菌种,移入装有固体或半固体培养基的试管中,可采用垂直或水平的方式把它穿刺到固体或半固体的深层培养基中,直至接近试管底部,但不要穿透,再沿原穿刺线将针退出,塞上试管塞,烧灼接种针。

视频 29
穿刺接种

14.4 注 意 事 项

(1)接种时一定要有无菌概念,严格无菌操作。

(2)接种时只取培养细胞,尽量不要带有培养基。

(3)接种过程中,接种工具、试管、试管塞要一直拿在手上,不能放到台面上。

(4)使用移液器时注意不要有以下错误操作:①吸液时,移液器本身倾斜,导致移液不准确(应该垂直吸液,慢吸慢放);②装配吸头时,用力过猛,导致吸头难以脱卸(无须用力过猛,选择与移液器匹配的吸头);③平放带有残余液体吸头的移液器(应将移液器竖直挂在移液器架上);④用大量程的移液器移取小体积样品(应该选择合适量程范围的移液器);⑤直接按到第 2 挡吸液(应该按照上述标准方法操作);⑥使用丙酮或强腐蚀性的液体清洗移液器,甚至高温灭菌。

14.5 作业与思考题

(1)何谓无菌概念?接种前应做哪些准备工作?

(2)总结几种接种方法的要点及应注意的事项。

实验15 微生物的分离与纯化

15.1 实验目的与原理

1. 目的

学习倒平板、涂平板技术，掌握稀释平板法和划线法分离微生物的操作技术。

2. 原理

在自然条件下，微生物常常以群落状态存在，这种群落往往是不同种类微生物的混合体。为了研究某种微生物的特性，或者要大量培养和使用一种微生物，必须从这些混杂的微生物群中获得纯培养。纯培养是指从自然界或已混有杂菌的培养体中分离出生产或科学实验所需要的单一的微生物个体进行培养，产生大量的后代。获得纯培养的方法称为微生物的纯系分离法或微生物的分离与纯化。

获得微生物纯培养的方法很多，常用的有稀释平板分离法、划线分离纯化法等。针对不同的分离材料，可以采用不同的分离方法。这些方法主要是根据各类微生物生长所需要的营养和环境条件不同而人为地加以控制，以使某一种微生物在培养基上出现单个菌落。这些条件如下。

(1)调节 pH　细菌、放线菌生长适于偏碱的环境，而真菌则嗜好中性至偏酸的基质。因此，在分离真菌时常用乳酸或柠檬酸将培养基的 pH 调至 3.5～4.5，这样可以阻碍一些细菌、放线菌的生长。而在分离细菌和放线菌时则要将培养基的 pH 调至 7.0～7.4。

(2)控制温度　各类微生物所适应的温度不同，故分离时应就温度加以选择和控制。例如根据一般微生物营养体不能忍耐较高温度的特点，采用加热的方法，杀死芽孢以外的一切微生物，而分离芽孢杆菌。

(3)化学抑制剂　如分离混杂有细菌的真菌材料时，将培养基中加入孟加拉红或抗生素(如链霉素)可以抑制细菌的生长；分离混有真菌的细菌材料时，加入制霉菌素可以抑制真菌的生长。

(4)空气　分离好氧微生物，必须在有氧条件下培养；而要分离厌氧微生物时，则在厌氧条件下培养。

(5)控制营养条件　各类微生物营养要求不同，根据不同微生物的特殊营养要求，制备一种培养基，使在这种培养基上，只有我们要分离的微生物大量繁殖，其他微生物则不能繁殖或繁殖很慢。

15.2　实 验 用 品

1. 培养基

阿什比(Ashby)无氮琼脂培养基、牛肉膏蛋白胨琼脂培养基、淀粉铵盐琼脂培养基、加刚果红的根瘤菌琼脂培养基。

2. 试剂

0.1% $HgCl_2$ 溶液、70%酒精、石炭酸复红染色液、无菌水。

3. 器材

显微镜、接种环、灭菌培养皿、无菌吸管、接种铲、酒精灯、解剖刀、镊子、玻璃刮铲、玻璃铅笔、玻璃棒等。

15.3　实验内容与操作

15.3.1　稀释平板法从根际土壤中分离固氮菌

1. 倾注平板法

(1)取无菌培养皿3套，编号10^{-2}、10^{-3}、10^{-4}。

(2)制备土壤稀释液，称取土样10 g，放入装有90 mL无菌水的三角瓶中，振荡10 min，即为10^{-1}的土壤悬液。另取装有9 mL无菌水的试管多支，编号10^{-2}、10^{-3}、10^{-4}……用移液器或无菌吸管吸10^{-1}土壤悬液1 mL，加入编号10^{-2}的无菌水试管中，轻轻摇动，使之混合均匀，即为10^{-2}的土壤稀释液。同法可制成10^{-3}、10^{-4}、10^{-5}……的土壤稀释液，如图15-1所示(视频30)。

视频30
土壤稀释液制备

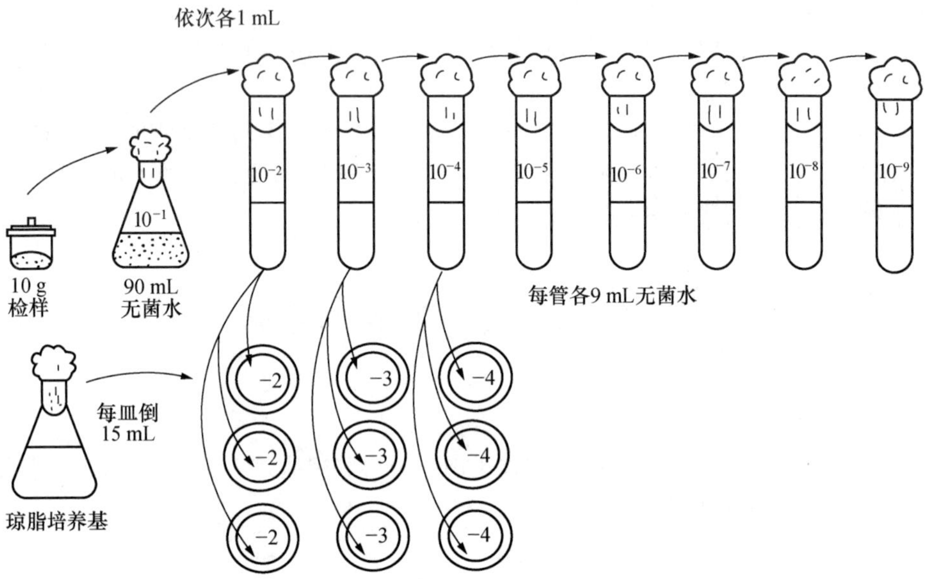

图 15-1 从土壤中分离微生物的操作过程

(3)用移液器或无菌吸管吸取 10^{-2} 的土壤稀释液 0.1 mL,滴加于编号 10^{-2} 的无菌培养皿中;同法分别吸取 10^{-3}、10^{-4} 的土壤稀释液 0.1 mL,分别滴加于编号 10^{-3} 和 10^{-4} 的无菌培养皿中。

(4)在每一培养皿中,分别倒入已熔化并冷却至 45 ℃左右的阿什比无氮琼脂培养基 15 mL 左右。在桌面上轻轻转动培养皿,使培养基与土壤稀释液充分混合均匀。

(5)凝固后,把培养皿倒转(避免皿盖上的凝结水过多时流入培养基中,以致得不到单个菌落),放在 28～30 ℃的恒温箱中,培养 4～5 d,统计各个培养皿上的菌落数,挑取其中的固氮菌菌落,进一步纯化,即能获得固氮菌的纯培养。

2. 涂布平板法

(1)固体平板的制备　取灭菌后的无菌培养皿,将灭菌并冷却至 50～55 ℃的阿什比无氮琼脂培养基无菌操作倒入培养皿中,待平板冷却后,分别编号 10^{-2}、10^{-3}、10^{-4}。

(2)制备土壤稀释液,方法同上。

(3)用移液枪或无菌吸管吸取 10^{-4} 的土壤稀释液 0.1 mL,滴加于编号 10^{-4} 的无菌平板中;同法分别吸取 10^{-3}、10^{-2} 的土壤稀释液 0.1 mL ,分别滴加于编号 10^{-3} 和 10^{-2} 的无菌平板中。

(4)涂布平板　采用无菌操作，左手执平板，右手执涂布棒，涂布棒火焰烧灼灭菌后，冷却，再用无菌涂布棒将平板中的样品稀释液涂开，使之均匀铺满整个平板，并防止刮破培养基(视频31)。

视频31
涂布平板

(5)将平板倒置放于28～30 ℃恒温培养箱中培养3～5 d，观察菌落形态，统计菌落数，可挑取固氮菌菌落进一步纯化，获得纯培养物。

15.3.2　稀释平板法从土壤中分离放线菌

放线菌分离采用淀粉铵盐琼脂培养基或高氏一号培养基。具体方法同固氮菌分离，但土壤稀释液可用10^{-3}、10^{-4}、10^{-5}的样液。

15.3.3　划线分离法从感病虫体分离苏云金杆菌

(1)取一条感染苏云金杆菌而未完全腐烂的死虫，放入已灭菌的培养皿中，加0.1%升汞溶液5～7 mL于培养皿内，对死虫进行表面消毒3～5 min。

(2)消毒完后，倒去升汞水，再用无菌水洗3～4次。

(3)取无菌培养皿1套，倒入已熔化的牛肉膏蛋白胨琼脂培养基15～20 mL，冷却凝固，制成平板。

(4)用灭菌解剖刀将昆虫的腹足剪破，流出体腔液，用灭菌的接种环蘸此液1环于平板上进行划线，注意不要划破平板。常见的划线方法如图15-2所示。

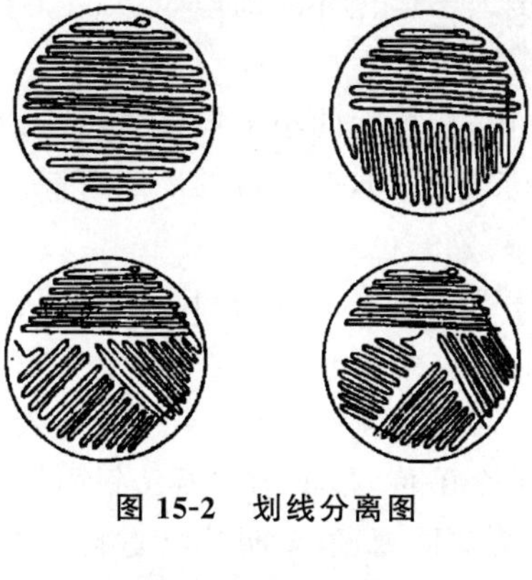

图15-2　划线分离图

(5)将培养皿倒置于28～30 ℃的恒温箱中培养2～5 d，挑取单个菌落，并移植于斜面上培养。如果只有一种菌生长，即得纯培养菌种。如有杂菌，可取培养物少许，制成悬液，再进行划线分离。有时要反复几次，才能得到纯种。

15.3.4 涂抹法从豆科植物根瘤分离根瘤菌

(1)在豆科植物根部选择一个较大的、色泽红润、生长饱满的根瘤，用剪刀将根瘤连一部分根组织取下(不要伤及根瘤的外皮)，在清水中洗净根瘤。

(2)将根瘤浸于70%酒精中2～3 min(在小培养皿中进行)，然后将酒精倒出，再在此皿中加入0.1% $HgCl_2$ 溶液5 mL，浸泡2～3 min，以杀死根瘤外面附着的杂菌。

(3)倒去 $HgCl_2$ 溶液，再用无菌水洗4～5次，以洗去残留在根瘤上的 $HgCl_2$。

(4)把已洗去 $HgCl_2$ 的根瘤用灭菌镊子或玻璃棒在皿中将其压碎，挤出根瘤汁。

(5)取2套灭菌培养皿编号1、2，分别倒入已熔化的含有刚果红的根瘤菌琼脂培养基，在桌面上轻轻转动，静置凝固，使成平板。

(6)用无菌玻璃刮铲蘸取菌液，在1号培养皿均匀地涂抹于整个平板。然后再继续用此刮铲在2号培养皿平板上涂抹。

(7)将培养皿倒置，于28～30 ℃培养5～7 d，观察菌落。根瘤菌菌落不吸收刚果红，菌落圆形、湿润、乳白色、有光泽、半透明、隆起、边缘整齐。而与它相似的其他杂菌会吸收刚果红，使菌落变红色。

(8)选择生长良好的单个菌落，移植于根瘤菌斜面培养基上，进行纯培养。

15.3.5 用选择培养基分离固氮菌

(1)在无菌培养皿中倒入已熔化并冷却至50 ℃左右的阿什比无氮琼脂培养基15～20 mL，凝固成平板。

(2)用灭菌镊子取来自作物根际的小土粒，均匀地摆在培养基表面上。

(3)保温28～30 ℃培养3～4 d，在土粒的周围有混浊半透明的胶状菌落出现，有的在后期能产褐色或黑褐色的色素。

(4)用接种环挑取上述菌落少许，做成涂片标本，用普通染色法染色、镜检。如主要是粗短杆状或球状的菌体，细胞较大，常呈单个或“8”字排列，在细胞表面有较厚的荚膜者，即为固氮菌。若有杂菌，可进一步采取划线法或稀释法纯化。

(5)选择生长良好的单个菌落，移植于固氮菌斜面培养基上，进行纯培养；也可采取稀释平板法从土壤中分离固氮菌(参见本实验内容与15.3.1节)。

15.4 注意事项

(1)为了做好微生物的分离、纯化,在分离工作的每一个操作环节上,都要严格按照无菌操作的要求进行,才能获得预期效果。

(2)划线分离微生物时,非连续划线操作过程中,要将接种环上的剩余物烧掉,待冷却后再进行第2次划线。

15.5 作业与思考题

(1)微生物的纯系分离应注意哪些问题?

(2)在分离根瘤菌的培养基中加入刚果红的目的是什么?

(3)倾注平板法和涂布平板法在操作上有何不同?

实验16 紫外线对微生物的影响

16.1 实验目的与原理

1. 目的

了解并掌握紫外线(UV)杀灭微生物的原理，学习制备平板、涂布平板技术，掌握应用紫外线处理微生物的实验操作方法。

2. 原理

紫外线对微生物有明显的诱发突变和致死作用，使细菌致死的紫外线波长是200～310 nm，而以波长为260 nm左右的紫外线具有最高杀菌效应。紫外线对细胞的有害作用是由于细胞中很多核苷酸类物质(如嘌呤、嘧啶等)对紫外线具有很强的吸收能力，而所吸收的能量会引起DNA的结构变异，最明显的是诱导胸腺嘧啶二聚体的生成，阻碍正常的碱基配对，从而抑制DNA的复制，轻则诱使细胞发生变异，重则导致细胞死亡。另外，细胞具有修复DNA的功能。经紫外线照射受损害的细菌细胞，如立即暴露在可见光之下，则有一部分可在光修复酶的作用下恢复正常活力，称为光复活现象(photoreactivation)。

紫外线虽有较强的杀菌作用，但穿透能力弱，薄层玻璃、纸片或水层等都能将大部分紫外线滤除，因此紫外线一般只适用于表面灭菌和空气灭菌。紫外线的照射剂量由紫外灯功率、照射距离以及照射时间决定。在使用紫外线消毒灭菌时，个人需要提高安全意识，做好防护，避免紫外线直射眼睛和皮肤而损害健康。

16.2 实验用品

1. 菌种

培养 24～48 h 的大肠杆菌(*Escherichia coli*)。

2. 培养基

牛肉膏蛋白胨液体培养基和固体培养基。

3. 器材和试剂

紫外线辐照箱、灭菌培养皿、三角涂布棒、接种环、黑色图案纸或锡箔、无菌吸管、酒精灯和恒温培养箱等。

16.3 实验内容与操作

(1)制备平板　取灭菌培养皿 3 套，将已高温灭菌并冷却至 50 ℃左右的牛肉膏蛋白胨琼脂培养基按照无菌操作要求倒入培养皿，待培养基凝固成平板，备用。

(2)菌液制备　将大肠杆菌接种至含有牛肉膏蛋白胨液体培养基的试管或者摇瓶中，37 ℃过夜培养。

(3)接种平板　按无菌操作技术，用无菌吸管吸取已培养好的大肠杆菌菌液 0.1 mL 注入平板上，并用无菌涂布棒将菌液在平板上均匀涂抹。

(4)紫外线处理　将培养皿移入紫外线辐照箱，打开皿盖，在平板上掩盖黑色图案纸或用锡箔遮盖平板的一半后，于距离紫外灯光源约 30 cm 处照射 5～8 min。

(5)培养　取出黑色图案纸或锡箔，加皿盖，随后立即用黑布或厚纸片遮盖培养皿，放入 37 ℃恒温箱中培养。

(6)结果观察　培养 24 h 后，取出培养皿，观察记录平板上细菌的生长情况，分析结果并讨论(视频 32)。

视频 32
紫外线对微生物的作用

16.4 注意事项

紫外线照射处理时，注意紫外线不要直接照射皮肤。紫外线处理完的培养皿应立即用黑布或黑纸袋遮挡。

16.5 作业与思考题

(1)绘图表示平板上大肠杆菌的生长状况。

(2)进行紫外线照射时，为什么要打开皿盖？

实验17 化学药剂对微生物的影响

17.1 实验目的与原理

1. 目的

了解化学药剂对微生物生长的影响和作用机制，巩固制备平板、涂布平板技术，掌握滤纸片法测定化学药剂对微生物生长影响的方法。

2. 原理

一些化学药剂对微生物生长有抑制或杀死作用。因此，在实验室及生产上常利用某些有效的化学药剂进行杀菌或消毒。不同化学药剂对不同细菌的杀菌能力并不相同，且同一种化学药剂对不同细菌的杀菌效果也不一定相同。化学药剂的杀菌作用机制主要有：①引起菌体蛋白质凝固、变性或失活；②影响菌体核酸及蛋白质合成；③破坏菌体细胞壁和细胞膜的完整性；④干扰细菌的酶系统从而影响细胞代谢。因此，使用化学药剂进行消毒或灭菌时，应注意药剂的作用机制、有效工作浓度范围及使用时其他因素的干扰和影响。

17.2 实验用品

1. 菌种

大肠杆菌（*Escherichia coli*）、四联球菌（*Micrococcus* sp.）。

2. 培养基

牛肉膏蛋白胨液体培养基和固体培养基。

3. 试剂

碘酒、0.2%结晶紫、75%乙醇、2%来苏儿、0.02%结晶紫、0.1%苯扎溴铵。

4. 器材

三角涂布棒、接种环、尖头镊子、无菌培养皿、直径 0.6 cm 无菌圆形滤纸片、无菌吸管、直尺、酒精灯和恒温培养箱等。

17.3 实验内容与操作

(1)制备平板　取灭菌培养皿 2 套,将已高温灭菌并冷却至 50 ℃左右的牛肉膏蛋白胨琼脂培养基按照无菌操作要求倒入培养皿,待培养基凝固成平板,备用。

(2)菌液制备　将大肠杆菌和四联球菌分别接种至含有牛肉膏蛋白胨液体培养基的试管或者摇瓶中,37 ℃过夜培养。

(3)接种平板　将平板做好菌名标记,按无菌操作技术,用无菌吸管分别吸取已培养好的大肠杆菌菌液 0.1 mL 和四联球菌菌液 0.1 mL,注入相应的平板上,并用无菌涂布棒将菌液在平板上均匀涂布。

(4)药剂处理　用尖头镊子将分别蘸有碘酒、0.2% 结晶紫、75%乙醇、2%来苏儿、0.02%结晶紫、0.1%苯扎溴铵的圆形小滤纸片(最好事前浸于药品后再低温烘干)贴放在每一平板上面,并在培养皿底面分别将各滤纸片加标记以便检查时识别。

(5)培养与结果观察　将各培养皿放入 37 ℃恒温培养箱中培养 48～72 h,检查结果。如有抑制作用,则滤纸片四周出现无菌生长的抑菌圈,可通过测量抑菌圈直径的大小(mm)来推断化学药剂的抑菌作用强弱(图 17-1)(视频 33)。

视频 33　化学药剂对微生物的作用

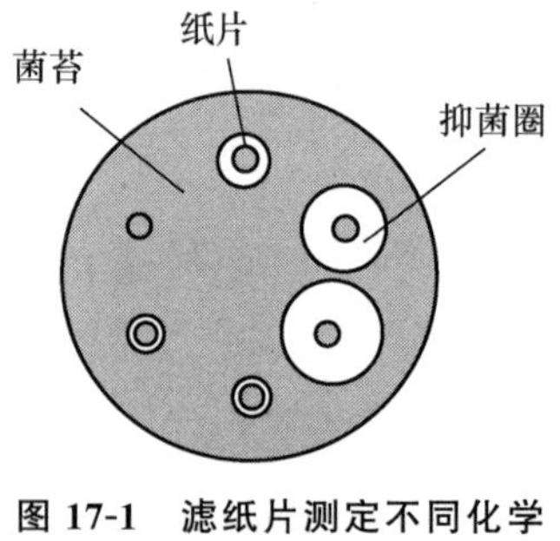

图 17-1　滤纸片测定不同化学药剂的抑菌作用

17.4 注 意 事 项

(1)用滤纸片蘸取药品时,保证滤纸片所含药品量基本一致,并在试管内壁沥去多余药液。

(2)滤纸片置于平板上时,不要滑动,要放平,否则抑菌圈不规则。

17.5 作业与思考题

(1)测量各个化学药剂的抑菌圈直径。

(2)为什么四联球菌比大肠杆菌对药品敏感?

(3)利用滤纸片法测定化学药剂对微生物的影响时,影响抑菌圈大小的因素有哪些?抑菌圈大小能否准确反映化学药剂抑菌能力的强弱?

实验18 微生物细胞数量的镜检计数法

18.1 实验目的与原理

1. 目的

学习微生物细胞数量镜检计数法的原理，掌握用血球计数板直接测定单细胞微生物数量的方法。

2. 原理

镜检计数法适用于各种含单细胞微生物的菌浮液，菌体较大的如酵母菌或霉菌孢子可采用血球计数板计数；菌体较小的细菌则采用彼得罗夫-豪瑟（Petroff Hausser）细菌计数板计数。这两种计数板的原理和部件相同，只是细菌计数板较薄，可以使用油镜观察。而血球计数板较厚，不能使用油镜，故不易看清细菌。

血球计数板是特制的厚玻片（图 18-1），玻片中部平台上有 2 个方格网，每个方

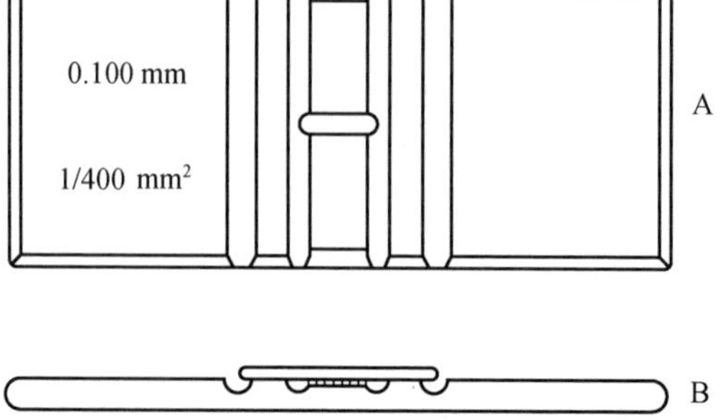

A. 平面图　B. 侧面图

图 18-1　血球计数板的构造

格网的中央有一个大方格，面积为 1 mm^2，等分成 400 个小方格。血球计数板的小格的刻法各厂略有不同，有两种规格：一种是 25×16 型(图 18-2A)，即一个大方格被分成 25 个中方格，每个中方格由 16 个小方格组成；另一种为 16×25 型(图 18-2B)，即一个大方格被分成 16 个中方格，每个中方格由 25 个小方格组成。无论是哪种规格，其总数都是 400 个小方格，每个小方格的面积相同，即每个小方格的面积为1/400 mm^2，又因每个小格的深度是 0.1 mm，所以其容积为 1/4 000 mm^3。因此，使用血球计数板直接镜检计数，是要先测定若干个小方格中微生物的数量，求得平均数，再换算为每毫升菌液(或每克样品)中微生物细胞的数量。

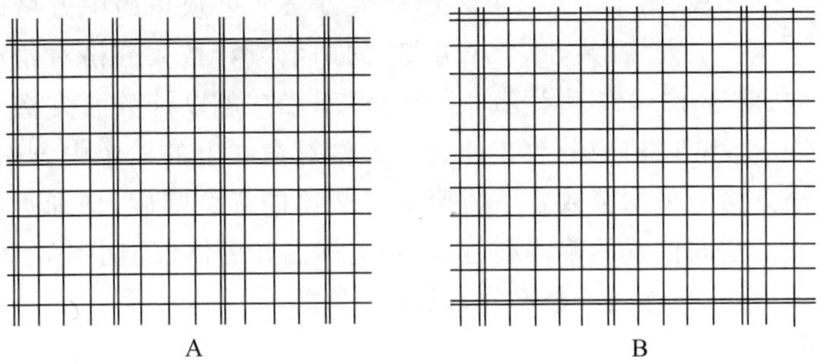

A. 25×16 型　B. 16×25 型

图 18-2　两种型号的血球计数板

18.2　实 验 用 品

1. 菌种

酿酒酵母(*Saccharomyces cerevisiae*)。

2. 其他器材

血球计数板、显微镜、移液枪、血盖片等。

18.3　实验内容与操作

1. 样品制备

将酵母菌悬液加无菌水适当稀释，稀释至每小格的菌数可计数为宜。

2. 加样

将血球计数板及血盖片用擦镜纸或绸布擦干净后，把血盖片盖在计数板的刻度上，以移液枪吸取已稀释的酵母菌悬液，从血盖片的一端注入，使菌液沿两玻片间渗入（勿使菌液流到两边平台上，否则使血盖片抬高），并用吸水纸吸干沟槽中流出的多余菌液。

视频 34
微生物细胞数量的镜检计数法

3. 计数（视频 34）

静置数分钟后，在显微镜下观察。先用低倍镜找到大方格位置，再用高倍镜对小方格中的菌体测数。对于 25×16 型计数板（图 18-2A），可以计数大方格 4 个顶角的中方格以及正中间中方格（共 80 个小方格）的菌数或计数大方格对角线上的 5 个中方格的菌数；对于 16×25 型计数板（图 18-2B）的，可以计数大方格 4 个顶角的中方格（共 100 个小方格）的菌数或计数大方格对角线上的 4 个中方格的菌数，然后计算每个小方格的平均菌数。不断调节显微镜的细调螺旋，仔细查找血球计数板上处于不同的空间位置的菌体细胞，防止遗漏。如菌体位于小格的线上，计数时则数上线不数下线，数左线不数右线，以减少误差。

4. 计算

每毫升菌液的菌数＝每小格平均菌数×4 000×1 000×稀释倍数

5. 血球计数板的保养

血球计数板用后，必须用清水冲洗干净，干燥后妥善保存，注意不得用粗糙物品抹擦中央平板，以免损坏小格刻度。

18.4 注意事项

（1）制备菌体悬液时，应尽量使菌体细胞分散以便测数。

（2）用血球计数板测得的微生物细胞数为其总量，而不能计算细胞的死活数量。

（3）细菌计数板每一小格的深度仅 0.02 mm，所以其容积只有 1/400×0.02＝1/20 000 mm^3，故显微镜测数后，需按下式计算：

每毫升菌液含菌数＝每小格平均数×20 000×1 000×稀释倍数

18.5 作业与思考题

(1)计算每毫升(克)所测样品的含菌数。

(2)用血球计数板测定微生物的数量有什么优缺点?

实验19 微生物细胞数量的平板培养计数法

19.1 实验目的与原理

1. 目的

学习平板培养计数法的原理和方法。

2. 原理

微生物活体数量(如菌剂含菌量、土壤含菌量等)测定的方法,常用平板培养计数法。其原理是通过将样品制成一系列均匀的不同稀释度的稀释液(使样品中的微生物细胞充分分散成单个细胞存在),再取一定量的稀释液接种,使其均匀分布于培养皿中特定的选择性培养基内,最后根据在平板上长出的菌落数计算出每克样品中的微生物数量。

稀释平板计数法,包括含菌样品稀释液的制备、平板接种培养、计数等步骤。

19.2 实验用品

1. 菌种

苏云金芽孢杆菌菌剂。

2. 培养基

牛肉膏蛋白胨固体培养基。

3. 器材

100 mL 无菌水、装有 9 mL 无菌水的试管、无菌培养皿、1 mL 无菌吸管、玻璃刮铲、称样瓶、天平等。

19.3 实验内容与操作

1. 样品稀释液的制备

准确称取待测样品 10 g，放入装有 90 mL 无菌水并放有小玻璃珠或石英砂的 250 mL 三角瓶中，用手或振荡机振荡 20 min，使微生物细胞分散，静置 20～30 s，即成 10^{-1}稀释液；再用 1 mL 无菌吸管，吸取 10^{-1}菌液 1 mL 移入装有 9 mL 无菌水的试管中，充分振荡摇匀，即成 10^{-2}稀释液；再换一支无菌吸管吸取 10^{-2}菌液 1 mL 移入装有 9 mL 无菌水的试管中，即成 10^{-3}稀释液；依此类推，每次更换吸管连续稀释，制成 10^{-4}、10^{-5}、10^{-6}、10^{-7}、10^{-8}、10^{-9}等一系列稀释度的菌悬液，供平板接种用，整个过程如实验 15 中图 15-1 所示。

用平板培养计数时，待测菌液稀释度的选择，应根据不同待测样品而定。一般样品含有待测的微生物数量越多，则菌液的稀释度也应越高；反之，菌液的稀释度就应越低。通常测定细菌菌剂含菌数量时，多采用 10^{-7}、10^{-8}、10^{-9}稀释度的菌液；测定土壤细菌数量时，多采用 10^{-4}、10^{-5}、10^{-6}稀释度的菌液；测定放线菌和真菌数量时，多采用 10^{-3}、10^{-4}、10^{-5}稀释度的菌液；测定解磷菌、固氮菌数量时，多采用 10^{-2}、10^{-3}、10^{-4}稀释度的土壤悬液。

2. 平板接种培养

平板接种培养有 2 种方法：混合平板培养法和涂布平板培养法。

(1)混合平板培养法　也称为倾注平板法，将无菌培养皿按 10^{-7}、10^{-8}、10^{-9}编号，每个号码设 3 个重复，用 1 mL 无菌吸管按无菌操作要求吸取 10^{-9}稀释液各 1 mL放入编号 10^{-9}的 3 个培养皿中，同法吸取 10^{-8}稀释液各 1 mL 放入编号 10^{-8}的 3 个培养皿中；吸取 10^{-7}稀释液各1 mL 放入编号 10^{-7}的 3 个培养皿中。然后在 9 个培养皿中分别倒入已熔化并冷却至 45～50 ℃的细菌培养基(注意无菌操作)，轻轻转动培养皿，使菌液与培养基混合均匀，冷凝后倒置适温培养，至长出菌落后即可计数。如果是测定土壤自生固氮菌，稀释度多半采用 10^{-2}、10^{-3}、10^{-4}，因为土壤中自生固氮菌数量较少，其他操作方法不变。

(2)涂布平板培养法　涂布平板培养法与混合平板培养法基本相同，所不同的是先将培养基熔化后趁热倒入培养皿中制成平板，待凝固后编号。然后用无菌吸管吸取0.1 mL菌液对号接种在不同稀释度编号的培养皿中的琼脂平板上(每个编号设3个重复)，再用无菌刮铲将菌液在平板上涂抹均匀，平放于桌上20～30 min，使菌液渗透至培养基内，然后将培养皿倒置，28～30 ℃保温培养(培养时间视菌种而定)。至长出菌落后即可计数。

3. 结果计算

计算结果时，常按下列标准从接种后的3个稀释度中，选择一个合适的稀释度，求出每克菌剂中的含菌数。同一稀释度各个重复的菌数相差不太悬殊，细菌、放线菌以每皿30～300个菌落为宜，真菌以每皿10～100个菌落为宜。

(1)选择好计数的稀释度后，即可统计在培养皿上长出的菌落数，统计结果按下列公式计算。

①混合平板计数法：

每克样品的菌落形成单位(CFU)＝同一稀释度几次重复的菌落平均数×稀释倍数

②涂布平板计数法：

每克样品的菌落形成单位(CFU)＝同一稀释度几次重复的菌落平均数×10×稀释倍数

(2)为了减少和消除操作过程中的误差，可采用下列计算方法。

①混合平板计数法：将10^{-7}稀释液的几个培养皿上的菌落平均数除以10得A(即得稀释10^{-8})。以10^{-8}稀释液的几个培养皿上的菌落平均数得B。将10^{-9}稀释液的几个培养皿上的菌落平均数乘以10得C(即得稀释10^{-8})。

$$\text{每克样品的菌落形成单位(CFU)}N=\frac{A+B+C}{3}\times 10^{8}$$

②涂布平板计数法：

$$\text{每克样品的菌落形成单位(CFU)}N=\frac{A+B+C}{3}\times 10\times 10^{8}$$

19.4 注意事项

(1)上述方法计算的结果是每克湿样品含有的活菌数，由于不同样品的含水量不同，实际上每克样品中的菌数都有差别。为了统一标准，便于比较，常计算每克干样品的含菌数。

每克干样品含菌数＝1 g湿样品含菌数×水分系数

(2)样品稀释和平板接种培养过程中，应切实注意无菌操作，才能得到满意的效果。

19.5 作业与思考题

(1)记录计数结果。

(2)平板计数法应注意哪些问题？

实验20 大肠杆菌生长曲线的测定

20.1 实验目的与原理

1. 目的

学习和了解细菌生长曲线特点及测定原理,并掌握用比浊法测定细菌的生长曲线。

2. 原理

细菌若在适宜的条件下将以较高的速度繁殖,但在一个容积有限的环境中不能无限制高速生长。若将少量细菌纯种接种至一个装有无菌培养液的三角瓶中,在培养过程中,定时取样测定活菌数和总菌数,以其对数为纵坐标,以时间为横坐标,可以绘出一条S形的曲线,这就是生长曲线。从曲线上可以把细菌群体生长分为4个时期:延滞期、对数期、稳定期和衰亡期。不同的微生物,其生长曲线不同。即使是同一种微生物,在不同的培养条件下,其生长曲线也不同。测定在一定条件下的微生物生长曲线,在科学研究及生产上具有重要意义。大肠杆菌是微生物教学和科研常用的菌种,也是某些生物制品的生产菌种,常需要了解一定条件下其生长曲线的特征。测定微生物的数量有多种不同的方法,可根据要求和实验室条件选用。本实验采用分光光度计测定菌悬液光密度,方便简捷。

20.2 实验用品

1. 菌种

大肠杆菌(*Escherichia coli*)。

2. 培养基

牛肉膏蛋白胨液体培养基。

3. 器材

分光光度计、摇床、吸管、试管、三角瓶、比色杯等。

20.3 实验内容与操作

1. 种子液的制备

将大肠杆菌接入牛肉膏蛋白胨液体培养基中振荡培养 18 h。

2. 接种培养

取装有 50 mL 无菌牛肉膏蛋白胨液体培养基的 250 mL 三角瓶 11 个,分别编号为 0 h、2 h、4 h、6 h、8 h、10 h、12 h、14 h、16 h、18 h、20 h;并用无菌吸管分别准确吸取 2 mL 种子液加入,37 ℃振荡培养。

3. 取样测定

分别按对应时间将三角瓶取出,立即放冰箱中贮存,待培养结束后一同测定 OD 值。以未接种的无菌牛肉膏蛋白胨液体培养基作为空白对照,依次测定 OD_{600},对浓度大的菌悬液用无菌牛肉膏蛋白胨液体培养基适当稀释后再测定,使其 OD 值范围在 0.1～0.6,经稀释后测得的 OD 值要乘以稀释倍数,才是培养液实际的 OD 值。

4. 绘制曲线

以时间为横坐标,OD_{600} 为纵坐标,绘制大肠杆菌的生长曲线。

20.4 注意事项

(1)培养结束后,不能立即测定,一定要放在冰箱里。

(2)浓度大的菌悬液用无菌牛肉膏蛋白胨液体培养基一定要适当稀释后再测定。

20.5 作业与思考题

(1)用本实验方法测定微生物生长曲线有何优点?

(2)如果用平板计数法测定,所绘出的生长曲线与比浊法测定的结果有何差异?为什么?

实验21

环境条件对微生物生长的影响

21.1 实验目的与原理

1. 目的

了解氧气、温度、pH、盐等环境因素对微生物生长的影响,掌握测定氧气、温度、pH、盐等环境因素对微生物生长的影响的测定方法。

2. 原理

环境条件会影响微生物的生长,不同的微生物在生长时需要不同的环境条件。微生物按其对环境条件的需求可以分为好氧/厌氧微生物、中温/耐高温/耐低温微生物、嗜酸/嗜碱/中性微生物和嗜盐/耐盐/不耐盐微生物等多种类型。温度、酸碱度可以影响微生物细胞的稳定性及催化反应的酶的活性,从而影响微生物的活力和生长状况。微生物生长对渗透压也有要求,除了一些嗜盐微生物需要在有高浓度的盐存在的条件下才能生存外,一般微生物只能在一定的盐浓度下生长。对好氧微生物来讲,氧气作为呼吸电子传递链的末端电子受体,是其生长所必需的。但对厌氧微生物来讲,由于氧的存在会使其体内产生具有破坏作用的自由基,氧气对这些微生物是一种有毒物质。因此,对于一个给定微生物,必须通过多种试验来确定其最佳的生长条件。

21.2 实验用品

1. 菌种

大肠杆菌(*Escherichia coli*)、枯草芽孢杆菌(*B. subtilis*)。

2. 培养基

牛肉膏蛋白胨液体培养基。

3. 器材

分光光度计、摇床、接种环、吸管、试管、三角瓶、比色杯等。

21.3 实验内容与操作

1. 氧气条件对微生物生长的影响

(1)将牛肉膏蛋白胨液体培养基分装至 250 mL 的三角瓶中,分装成 30 mL、50 mL、100 mL、150 mL 和 180 mL 装液量,共 5 瓶,121 ℃灭菌 30 min,备用。

(2)将大肠杆菌按 5%的接种量(种子液预先培养)接种到上述培养基中,随后密封好瓶口。

(3)将接种好的三角瓶置于 200 r/min 的 37 ℃摇床上培养 8 h。

(4)从不同装液量的摇瓶中取样,用 721 分光光度计测定其 OD_{600} 的数值,根据其浊度值的大小可以判断微生物的生长情况,从而确定在好氧培养时氧气的含量对大肠杆菌生长的影响。

2. 温度条件对微生物生长的影响

(1)将牛肉膏蛋白胨液体培养基分装至试管中,4 mL/管,共 8 管,121 ℃灭菌 30 min,备用。

(2) 将大肠杆菌、枯草芽孢杆菌按 1%接种量(1 滴)接种到液体培养基试管中,每个菌种接 4 管,分别标上 20 ℃、28 ℃、37 ℃、45 ℃标记。

(3)按标记,将各试管置于相应温度的摇床中培养 24 h,转速为 180 r/min。

(4)取出观察各菌的生长情况,并测定 OD_{600} 的数值,确定每种微生物的最佳生长温度。

3. pH 对微生物生长的影响

(1)将牛肉膏蛋白胨液体培养基按照 4 mL/管的用量分装至试管中,共 8 管,

121 ℃灭菌 30 min，备用。

(2)将大肠杆菌、枯草芽孢杆菌按 1%接种量(1 滴)接种到液体试管培养基中。每个菌种接种 4 管，分别标上 pH 5.0、pH 6.0、pH 7.0、pH 8.0。

(3)将大肠杆菌、枯草芽孢杆菌置于 37 ℃的摇床中培养 24 h，转速为 180 r/min。

(4)取出培养试管，观察各菌的生长情况，并测定 OD_{600} 的数值，确定每种微生物的最佳生长 pH。

4. 微生物的耐盐性测定

(1)在除去盐的牛肉膏蛋白胨培养基中加入 NaCl，分别配制成终浓度为 0.2 mol/L、0.5 mol/L、1.0 mol/L、2.0 mol/L 的含盐培养基，并分装试管。每个浓度梯度配制 2 管，121 ℃灭菌，备用。灭菌后测定 pH，保持 pH 不低于 7.0。

(2)将大肠杆菌、枯草芽孢杆菌斜面菌种用生理盐水悬浮，分别按 1%的接种量接种至不同盐浓度培养基中。

(3)将大肠杆菌、枯草芽孢杆菌置于 37 ℃的摇床中培养 24 h，转速为 180 r/min。

(4)取出试管观察各菌的生长情况，并测定 OD_{600} 的数值，确定每种微生物的最高耐盐能力。

21.4 注意事项

(1)氧气条件影响微生物的生长，接种量需按比例接种。

(2)斜面菌种接种时尽可能摇匀，使得接种量一致。

21.5 作业与思考题

(1)将氧气条件对微生物生长的影响结果记录在下表中。

项目	装液量/mL				
	30	50	100	150	180
OD_{600}					

(2)将温度条件对微生物生长的影响结果记录在下表中。

项目	温度/℃			
	20	28	37	45
大肠杆菌 OD_{600}				
枯草芽孢杆菌 OD_{600}				

(3)将 pH 对微生物生长的影响结果记录在下表中。

项目	pH			
	5.0	6.0	7.0	8.0
大肠杆菌 OD_{600}				
枯草芽孢杆菌 OD_{600}				

(4)将微生物的耐盐性结果记录在下表中。

项目	盐度/(mol/L)			
	0.2	0.5	1.0	2.0
大肠杆菌 OD_{600}				
枯草芽孢杆菌 OD_{600}				

(5)根据实验结果判断大肠杆菌、枯草芽孢杆菌的最适生长环境条件。

实验22 微生物代谢特性及其在分类鉴定中的应用

22.1 实验目的与原理

1. 目的

了解微生物代谢特性在分类鉴定中的应用，学习检测微生物生理代谢的实验方法并进行实验结果的观测。

2. 原理

由于微生物个体微小，形态简单。因此，它的分类除了需要观察其形态特征外，还需要进行一系列的生理生化实验。不同的微生物具有不同的酶系统，其新陈代谢类型就不同。人们可以用生物化学反应的方法来测定不同微生物对营养物质的利用，以及其代谢产物的异同。这些异同可以作为分类鉴定的依据之一。

通常采用的生化实验有伏-波(VP)试验、甲基红(MR)试验、吲哚试验、明胶液化试验、淀粉水解试验等。

(1)伏-波(VP)试验　某些细菌生长于葡萄糖蛋白胨水培养基中能分解葡萄糖产生丙酮酸，而丙酮酸又可缩合、脱羧转变成乙酰甲基甲醇，如加入强碱液，即与空气中的氧起作用，产生二乙酰。二乙酰与蛋白质中所含的胍基成分作用生成红色化合物，称为VP阳性反应。无红色化合物产生的称为VP阴性反应，VP反应过程如下：

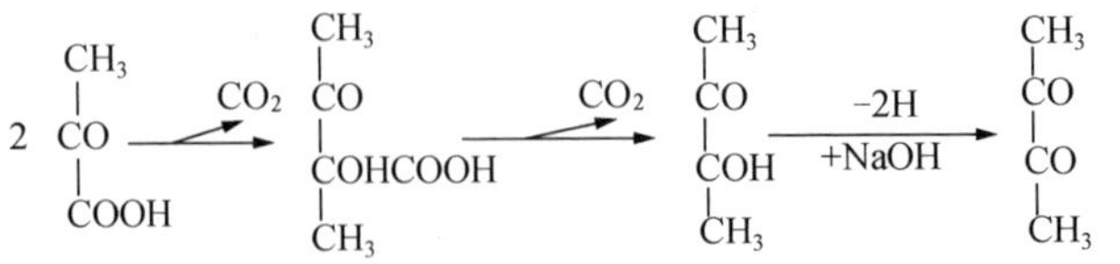

丙酮酸　　乙酰乙酸　　乙酰甲基甲醇　　二乙酰

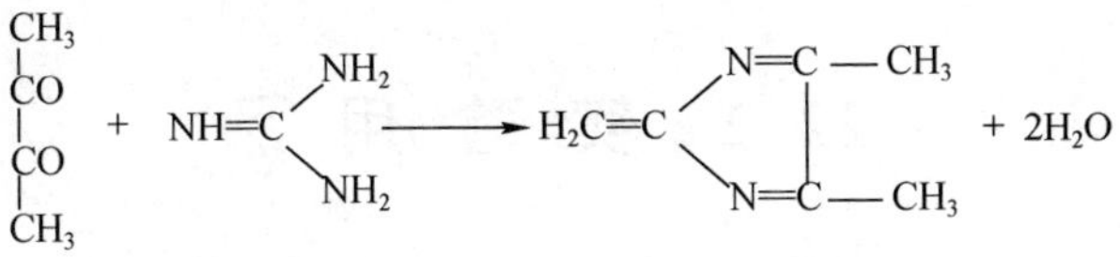

二乙酰　　胍　　红色化合物

(2)甲基红(MR)试验　某些细菌分解葡萄糖产生丙酮酸,丙酮酸再被分解,产生甲酸、乙酸、乳酸等酸性物质,使培养基的 pH 降低到 4.2 以下,这时若加入甲基红指示剂则会呈现红色,记录为甲基红试验阳性。若加入甲基红指示剂不呈现红色,则为甲基红试验阴性。

(3)吲哚试验　有些细菌含有色氨酸酶,能分解蛋白胨中的色氨酸而生成吲哚。吲哚本身无颜色,但加入对二甲基氨基苯甲醛,与吲哚发生化学反应,就可以形成红色的玫瑰吲哚。反应式如下:

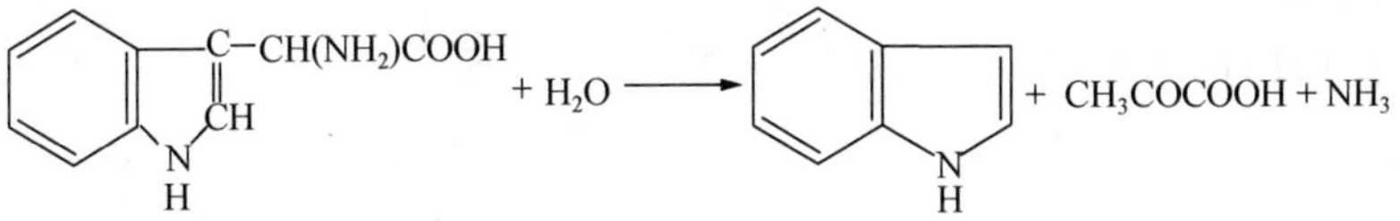

L-色氨酸　　吲哚　　丙酮酸

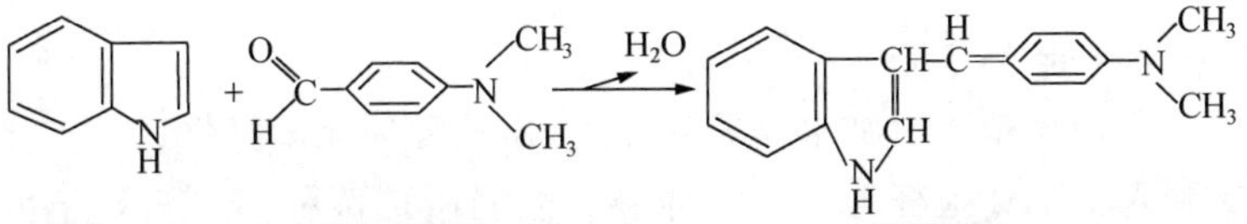

吲哚　　对二甲基氨基苯甲醛　　玫瑰吲哚

(4)明胶液化试验　明胶是一种动物蛋白,细菌蛋白酶(胞外酶)的水解作用可使其分子变小,从而导致明胶由原来的固态变为液态,即为明胶液化(即使在 20 ℃以下也不凝固)。可用细菌能否液化明胶来判断其有无分解蛋白质的能力。常用穿刺法和平板法检测。

(5)淀粉水解试验　有些细菌具有产生淀粉酶(胞外酶)的能力,可以把培养基中的淀粉水解为麦芽糖、葡萄糖等,再被细胞吸收利用。淀粉水解后,遇碘不再变蓝。依此可以判断某细菌有无分解淀粉的能力。

22.2 实验用品

1. 菌种

大肠杆菌(*Escherichia coli*)、枯草芽孢杆菌(*B. subtilis*)。

2. 培养基

葡萄糖蛋白胨水液体培养基 2 支、胰胨培养基 2 支、淀粉培养基平板 1 只、明胶培养基 3 支。

3. 试剂

吲哚试剂、40% NaOH 溶液、碘液、6% α-萘酚乙醇溶液、pH 试纸、甲基红试剂。

4. 器材

分光光度计、摇床、吸管、试管、三角瓶、比色杯等。

22.3 实验内容与操作

1. VP 试验(视频 35)

(1)接种　取葡萄糖蛋白胨水培养基 2 支,用接种环无菌操作。一支接入大肠杆菌;另一支接入枯草芽孢杆菌。贴上标签。注明所接菌种、日期,置于恒温培养箱培养。

(2)检测结果　2 d 后取出,取培养液 1 mL,先加入 VP 甲液(6% α-萘酚乙醇溶液)6 滴,再加入等量 VP 乙液(40% NaOH 溶液),用力充分振荡使空气中的氧溶入,15 min 后观察试验结果。出现红色为 VP 试验阳性。

2. MR 试验(视频 36)

(1)接种　请参照 VP 试验进行。

视频 35　VP 试验　　**视频 36　MR(甲基红)试验**

(2)检测结果　培养 2～3 d 取出，取培养液，加入 3～5 滴甲基红试剂(约 1 mL 培养液加 1 滴指示剂)，混匀后观察，若培养液变成红色则表明 MR 试验阳性，若培养液不变红色，仍呈黄色或橘黄则表明 MR 试验阴性。

3. 吲哚试验

(1)接种　取胰胨培养基 2 支，无菌操作，分别接入大肠杆菌、枯草芽孢杆菌。贴上标签。注明所接菌种、日期，置于恒温箱培养。

(2)检测结果　2 d 后取出，在培养液中先加入乙醚 1 mL(使呈明显的乙醚层)，充分振荡，使吲哚溶于乙醚中，静置片刻，使乙醚浮到上面。这时再沿管壁加入吲哚试剂 5 滴，有红色环出现者为阳性。

4. 明胶液化试验

(1)接种　取培养 18～24 h 的幼龄菌株，穿刺于明胶液化培养基中，以不接种作为对照，置于 20 ℃恒温箱培养。

(2)检测结果　2 d 后取出，观察菌株的生长情况及培养基是否液化、液化形状等。

5. 淀粉水解试验(视频 37)

(1)接种　取熔化了的淀粉培养基，无菌操作倒平板，等冷凝后，用接种环无菌操作，挑取少许大肠杆菌点接于平板一边，而在另一边用同样方法点接枯草芽孢杆菌，如图 22-1 所示。37 ℃恒温箱倒置培养 1 d。

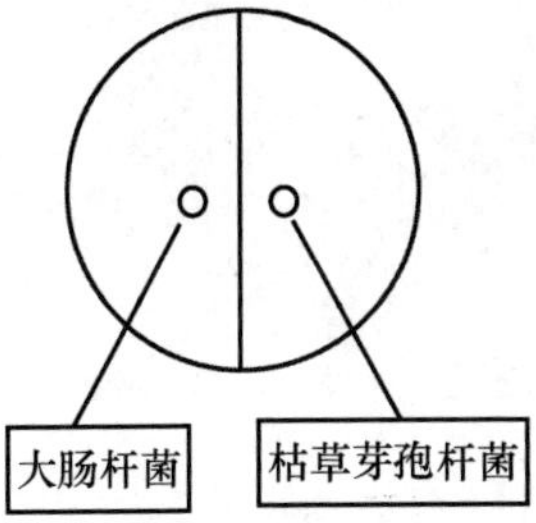

图 22-1　接种示意图

视频 37　淀粉水解试验

(2)检测结果　打开平皿盖，滴加碘液，轻轻摇转平皿，使碘液均匀铺满整个平皿，如果在菌落周围出现无色透明圈，说明淀粉被水解。

22.4　注意事项

(1)吲哚试验中加入吲哚试剂后不要再摇动，否则液体界面被混合，红色环不明显。

(2)淀粉水解试验中,透明圈大小表明菌对淀粉水解能力的大小。

22.5 作业与思考题

(1)将实验结果记录在下表中。

菌种	VP 试验	MR 试验	吲哚试验	明胶液化试验	淀粉水解试验
大肠杆菌					
枯草芽孢杆菌					

(2)根据实验结果,比较大肠杆菌、枯草芽孢杆菌代谢反应的异同。

实验23 细菌的分子生物学鉴定

23.1 实验目的与原理

1. 目的

熟练掌握PCR扩增技术,学习根据16S rRNA基因序列对细菌进行鉴定。

2. 原理

16S rRNA基因是细菌中编码rRNA的相对应的DNA序列,存在于所有细菌的基因组中。16S rRNA基因具有高度的保守性和特异性,适合扩增和序列相似性分析。16S rRNA基因不仅可以用来研究物种间进化和亲缘关系,还可以根据16S rRNA基因序列鉴定待测细菌菌株。16S rRNA鉴定是指利用细菌16S rDNA序列测序的方法对细菌进行种属鉴定(视频38)。

视频38 细菌16S rRNA基因的PCR扩增及检测

23.2 实验用品

1. 菌种

待鉴定细菌菌株DNA。

2. 试剂

PCR试剂盒、产物回收试剂盒、引物、TAE缓冲液、双蒸水等。

3. 器材

离心机、PCR 仪、核酸电泳仪、核酸凝胶成像仪、微量移液器等。

23.3 实验内容与操作

1. PCR 扩增 16S rRNA 基因

取双蒸水 20 μL 于 PCR 管中，再加正反引物(27F 和 1 492R)各 1 μL，2×Taq Master Mix 25 μL 和基因组 DNA 3 μL。将其轻轻混匀放入 PCR 仪进行 PCR 扩增。PCR 反应程序主要为：95 ℃预变性 5 min，95 ℃变性 10 s，55 ℃ 退火 30 s，72 ℃延伸 90 s，进行 30 个循环，最后延伸 10 min。

2. 电泳检测

制备琼脂糖凝胶进行电泳，用凝胶成像系统检测扩增产物的大小是否符合预期大小。

3. 纯化回收

在紫外灯下快速切下含目的 DNA 片段的凝胶，并称取凝胶重量。加入等倍体积缓冲液 GDP(buffer GDP)，50～55 ℃水浴 10 min，凝胶块完全溶解。将吸附柱置于 2 mL 收集管中，把溶胶液转移至吸附柱中，12 000 r/min 离心 60 s，弃去滤液。将吸附柱置于 2 mL 收集管中，再加入 300 μL 缓冲液 GDP 至吸附柱中。静置 1 min，12 000 r/min 离心 60 s，弃去滤液。将吸附柱置于收集管中，并加入 700 μL 缓冲液 GW 至吸附柱中，12 000 r/min 离心 60 s，弃去滤液。重复上述步骤。将吸附柱置于 1.5 mL 灭菌的离心管中，加入 20～30 μL 洗脱缓冲液(elution buffer)至吸附柱中央，12 000 r/min 离心 2 min。弃去吸附柱，将 DNA 保存于－20 ℃。

4. 测序

将纯化回收后的 PCR 扩增产物交由生物技术公司测序，得到最终的测序结果。

5. 同源序列下载

将其测序序列在 EzBioCloud 网站进行在线比对，下载同源性较高的模式菌株 16S rRNA 基因序列(fasta 格式)。

6. MEGA 比对和分析

用 MEGA 软件打开下载的序列文件全选所有序列后进行对比(alignment)，去除两端不平齐部分，然后进行系统发育分析(phylogenetic analysis)。

7. 构建系统发育树

用系统发育分析后的结果文件，用 MEGA 软件中的邻接法（neighbor-joining method）构建系统发育树。

23.4 注意事项

（1）使用一次性吸头，严禁与 PCR 产物分析室的吸头混用，吸头不要长时间暴露于空气中，避免气溶胶的污染。

（2）操作时设立阴、阳性对照和空白对照，即可验证 PCR 的可靠性，又可以协助判断扩增系统的可信性。

（3）测序之前需电泳检测其纯化产物条带。

23.5 作业与思考题

（1）简述 PCR 扩增的原理。

（2）如果一个 PCR 经凝胶电泳检查后，除了目标条带外还出现了淡淡的杂带，分析其产生原因，如何通过改变 PCR 条件进行消除？

实验24

微生物诱变育种——营养缺陷型的筛选和鉴定

24.1 实验目的与原理

1. 目的

了解营养缺陷型突变菌株的选育原理，学习并掌握大肠杆菌营养缺陷型菌株的诱变、筛选与鉴定方法。

2. 原理

在以微生物为材料的遗传学研究中，用某些物理因素或化学因素处理细菌，使基因发生突变，丧失合成某一物质(如氨基酸、维生素、核苷酸等)的能力，因而它们不能在基本培养基上生长，必须补充某些物质才能生长。这样从野生型经诱变筛选得到的菌株，称为营养缺陷型。筛选营养缺陷型菌株必须经过以下几个步骤：诱变处理、淘汰野生型、检出营养缺陷型、鉴定营养缺陷型。

诱变剂可提高突变频率，主要分为物理诱变剂和化学诱变剂。物理诱变剂常用的有X射线、紫外线、快中子、γ射线等。诱变处理首先是选择诱变剂，微生物诱变中最常用的物理诱变剂是紫外线。

用诱变剂处理微生物，一般要求呈单核的单细胞或单孢子的悬浮液，分布均匀，这样可以避免出现不纯的菌落。用于诱变处理的微生物一般处于对数生长期，处于该期的细菌对诱变剂最敏感。

必须选择合适的剂量进行诱变处理，剂量的表示有2种：绝对剂量和相对剂量。绝对剂量的单位以 erg/mm^2 ($1\ erg=10^{-7}\ J$)表示，一般用相对剂量。相对剂量与3个因素有关：诱变源和处理微生物的距离、诱变源(紫外灯)的功率、处理的时间。前2个因素是固定的，所以通过处理时间控制诱变剂量。处理不同微生物的最适剂量是不同的，需经预备实验确定。

经处理以后的细菌，营养缺陷型还是相当少的，必须设法淘汰野生型细胞，提高营养缺陷型细胞所占比例，以达到浓缩营养缺陷型的目的。细菌中常用的浓缩法是青霉素法。青霉素只杀死生长的细胞，对不生长的细胞没有致死作用。所以在含有青霉素的基本培养基中，野生型能够生长而被杀死，营养缺陷型不能生长而被保存得以浓缩。

检出营养缺陷型的方法有逐个测定法、夹层培养法、限量补给法、影印培养法。这里主要以逐个测定法为例进行说明。把经过浓缩的营养缺陷型菌液接种在完全培养基上，待长出菌落，将每一菌落分别接种在基本培养基和完全培养基上。凡是在基本培养基上不能生长而在完全培养基上能长的菌落就是营养缺陷型。

采用分类生长法鉴定筛选获得的营养缺陷型菌株。在同一培养皿中测定不同营养缺陷型对同一化合物的需要情况。

24.2 实验用品

1. 菌种

大肠杆菌K12的野生型菌株大肠杆菌(*Escherichia coli*)K12SF$^+$。

2. 培养基

肉汤液体培养基、2×肉汤液体培养基、基本液体培养基、基本固体培养基、无氮(N)基本液体培养基、2N基本液体培养基、生理盐水。

3. 器材

培养皿(9 cm)、三角瓶(250 mL)、吸管(2 mL、5 mL)、离心管。

24.3 实验内容与操作

1. 菌液制备

实验前14～16 h，挑取少量K12SF$^+$菌，接种于盛有4 mL肉汤培养液的三角瓶中，置于37 ℃培养过夜。第2天添加4 mL新鲜的肉汤培养液，充分混匀后，分装2只三角瓶，继续培养5 h。取4 mL菌液倒入离心管中，离心(3 500 r/min) 10 min。倾去上清液，打匀沉淀。加入4 mL生理盐水。

2. 诱变处理

吸上述菌液 4 mL 于培养皿内，将培养皿放在 15 W 的紫外灯下。距离 28.5 cm。处理前先开紫外灯稳定 30 min，将待处理的培养皿连盖放在灯下灭菌 1 min，然后开盖处理 1 min。照射完毕先盖上皿盖，再关紫外灯。吸 4 mL 2×肉汤培养液到上述处理后的培养皿中。置于 37 ℃温箱内，避光培养 12 h 以上。

3. 青霉素法淘汰野生型

吸 4 mL 处理过的菌液于已灭菌的离心管，离心（3 500 r/min）10 min。倾去上清液，打匀沉淀，加入 4 mL 生理盐水，离心洗涤 3 次，加生理盐水到原体积。吸取经离心洗涤的菌液 0.1 mL 于 2.5 mL 无氮基本液体培养基，37 ℃培养 12 h。培养12 h 后，加入 2N 基本液体培养基 2.5 mL，加入青霉素，使青霉素在菌液中的最终浓度约为 1 000 μg/mL，再置于 37 ℃温箱中培养。取熔化并冷却到 40～50 ℃的基本及完全培养基倒平板，冷凝待用；分别从培养 18 h、24 h 的菌液中各取 0.1 mL 菌液涂平板；注明组号、取样时间；37 ℃温箱中培养。

4. 营养缺陷型的检出

以上平板培养 36～48 h，进行菌落计数。选用完全培养基上长出的菌落数远超过基本培养基的那一组，用接种环挑取完全培养基上长出的菌落约 50 个，分别点种于基本培养基与完全培养基平板上，先基本培养基后完全培养基，依次点种，置于 37 ℃温箱培养。培养 18 h 后，选在基本培养基上不生长、而在完全培养基上生长的菌落（可疑的营养缺陷型突变株），再在基本培养基的平板上划线复证，37 ℃温箱培养 24 h 后不生长的可能是营养缺陷型。

5. 营养缺陷型鉴定

将可能是营养缺陷型的菌株接种于盛有 4 mL 肉汤培养液的离心管中，37 ℃培养 14～16 h，离心（3 500 r/min）10 min，倒去上清液，打匀沉淀，然后离心洗涤 2 次，最后加生理盐水到原体积。分别取 100 μL 的氨基酸、维生素至不同的灭菌培养皿中，每皿中一种药品；取熔化后冷却至 45～50 ℃的基本培养基 18 mL 倒入，摇匀放平，待凝，共做 20 皿；每皿中氨基酸的浓度为 25 μg/mL、维生素的浓度为 25 μg/mL。将培养皿的皿底等分 20 格，依次用接种环接入洗涤过的不同菌株，然后置于 37 ℃温箱培养 24～48 h，观察生长情况，并确定各个待鉴定菌株的营养缺陷型类型。

24.4 注意事项

(1)紫外线对皮肤、眼睛有较大伤害作用,实验时应避免人体直接暴露在紫外线中,操作时需戴上手套,在紫外辐照箱中操作。

(2)紫外诱变处理后,需避光培养,防止光复活。

24.5 作业与思考题

(1)简述营养缺陷型菌株筛选的步骤。

(2)阐述青霉素法浓缩营养缺陷型菌株的机理。

实验25 质粒的转化

25.1 实验目的与原理

1. 目的

学习和了解基因重组中质粒的转化方法。

2. 原理

来自供体 DNA 片段或质粒 DNA 转移到受体菌并整合进染色体的过程叫作转化。转化后的受体菌叫作转化子。转化可分为 3 个阶段:感受态阶段,DNA 的结合和吸收,整合。受体菌细胞容易接收 DNA 片段的生理状态叫作感受态。感受态是细菌的一种遗传特性,并且受培养条件的影响。感受态一般在对数中期或后期出现,因菌种而异。可以通过人工的方法诱导感受态,例如:将供试细菌由丰富的培养液转移到贫乏的培养液中;利用 Ca^{2+} 和改变温度的方法,以利于外源 DNA 进入受体细胞,这在大肠杆菌中常用;还可以应用原生质体进行转化。

25.2 实 验 用 品

1. 菌种

大肠杆菌 Bb138(Amp^s)、pUC18 质粒。

2. 培养基

LB 液体培养基、含和不含氨苄青霉素的 LB 平板、2×LB 培养基。

3. 试剂

0.1 mol/L 的 $CaCl_2$。

4. 器材

10 mL 和 1.5 mL 离心管、台式高速离心机、微量移液器、玻璃刮铲、分光光度计、水浴锅等。

25.3 实验内容与操作

1. 制备感受态细胞

(1)将大肠杆菌 Bb138(Amp^s)在 LB 琼脂平板上划线,37 ℃培养 16～20 h。

(2)在划线平板上挑一个单菌落于 LB 液体培养基中 37 ℃振荡培养,使细胞处于对数生长期或对数生长前期,其 OD_{600} 值在 0.4～0.5。

(3)将培养物置于冰浴中 15 min,然后转移到 2 个 10 mL 预冷的无菌离心管中,7 000 r/min,4 ℃离心 10 min。

(4)弃上清液,置于冰浴中 10 min。

(5)分别向 2 管加入 5 mL 用冰预冷的 0.1 mol/L 的 $CaCl_2$ 悬浮细胞,置于冰浴中 20 min。

(6)4 000 r/min,4 ℃离心 10 min,弃上清液。分别向 2 管各加入 1 mL 冰冷的 0.1 mol/L 的 $CaCl_2$ 溶液,重新悬浮细胞。

(7)按每份 200 μL 分装细胞于 1.5 mL 无菌离心管中。

2. 转化

(1)加 10 μL 含 0.5 μg pUC18 质粒 DNA 到上述制备的 200 μL 感受态细胞中。同时设 3 组对照:①不加质粒;②不加受体;③加已知具有转化活性的质粒 DNA。

(2)将每组样品轻轻混匀后,置于冰浴中 30～40 min,然后置于 42 ℃水浴中热激3 min,迅速放回冰浴中 1～2 min。

(3)向每组样品中加入等体积的 2×LB 培养基,置于 37 ℃保温 1.0～1.5 h,让细菌中的质粒表达抗生素抗性蛋白。

(4)每组各取 100 μL 混合物涂布于含氨苄青霉素(50 μg/mL)的选择平板上,室温下放置 20～30 min。

(5)待菌液被琼脂吸收后,倒置平板于 37 ℃培养 12～16 h,观察结果。

25.4 注 意 事 项

(1)$CaCl_2$ 的纯度至关重要,否则会影响感受态细胞的形成。

(2)制备的感受态细胞如果不立即使用,可加入终浓度为 10%的无菌甘油,保存于−20 ℃或−70 ℃备用。

25.5 作业与思考题

(1)转化实验中的 3 组对照各起什么作用?

(2)计算转化效率。

实验26 微生物菌种保藏

26.1 实验目的与原理

1. 目的

学习微生物保藏的基本原理,掌握常见的微生物菌种保藏方法。

2. 原理

在人工创造的低温、干燥、缺氧、寡营养等环境条件下,能有效抑制微生物的代谢作用。根据微生物的菌种生理、生化特性,尽量降低微生物细胞的代谢强度,使细胞基本处于休眠状态,使微生物的生长繁殖受到抑制但又不致死亡,以降低菌种的变异率。

26.2 实验用品

1. 菌种

四联球菌(*Micrococcus tetragenus*)、黑曲霉(*Aspergillus niger*)。

2. 器材

灭菌锅、超净工作台、−80 ℃冰箱、真空干燥器、酒精灯、试管、接种环、记号笔、棉塞。

26.3 实验内容与操作

1. 斜面低温保藏法

牛肉膏蛋白胨固体培养基配制、分装、灭菌、摆放斜面，并做好标记。利用无菌操作，采用自斜面底部向上往复“之”字形划线，将四联球菌在试管斜面接种。37 ℃培养 24 h，待试管斜面长出菌苔。将试管斜面置于 4 ℃冰箱保存，期满及时移种(视频 39)。

2. 甘油冷冻保藏法——液体法

将四联球菌菌种接种在液体培养基中，生长至对数期。将配制好的甘油、枪头盒、冻存管进行高压蒸汽灭菌，备用。利用无菌操作，用移液器吸取菌液，按30％的甘油终浓度，进行保菌。标上菌名、日期、保菌人等信息，置于－80 ℃保存(视频 40)。

视频 39
斜面菌种保藏法

视频 40
甘油冷冻保藏法——液体法

3. 甘油冷冻保藏法——菌苔法

将四联球菌菌种在固体平皿上，利用三区划线法分离得到单菌落。将配制好的甘油、枪头盒、冻存管进行高压蒸汽灭菌，备用。利用无菌操作，用枪头挑取单菌落，接种至 30％的甘油溶液中。标上菌名、日期、保菌人等信息，置于－80℃保存(视频 41)。

4. 沙土保藏法

将河沙用稀盐酸酸化、煮沸，去除有机质，烘干过筛。将红土加自来水反复浸泡洗涤至中性，过筛。按 1 份红土、3 份沙的比例混合均匀，灭菌并烘干。选择已经培养成熟的黑曲霉孢子，用无菌水洗下，制备孢子悬液，接种至沙土中，搅拌均匀，抽干水分。标上菌名、日期、保菌人等信息，置于－80 ℃保存。置于干燥处室温或低温保藏。每半年检查孢子活力和杂菌情况(视频 42)。

视频 41　甘油冷冻保藏法——菌苔法　　　　视频 42　沙土保藏法

26.4　注 意 事 项

(1)微生物不同的生理状态对菌种的存活率有很大影响,一般使用静止期或成熟期培养物进行保藏。

(2)菌种的保藏时间依微生物的种类而有不同,需要定期活化、移种。

(3)菌种保藏注意应在严格无菌条件下操作。

26.5　作业与思考题

(1)微生物保藏方法都有哪些？各有什么优缺点？

(2)甘油冷冻保藏法中,甘油的作用是什么？

第二部分
应用微生物学实验

实验27 酸奶的制作

27.1 实验目的与原理

1. 目的

了解细菌在食品生产中的应用，了解酸奶的制作原理和凝固型酸奶的制作工艺流程，在实验室规模上实践工业化发酵生产。

2. 原理

乳酸菌不是一个分类学上的名词，是指在代谢过程中能产生乳酸的一类细菌的总称。通常情况下，乳酸菌是不运动的，无芽孢，G^+菌，兼性厌氧，很少产生色素，营养要求高，对酸具有较强的耐受能力。

酸奶是将鲜牛奶或奶粉溶液经巴氏杀菌后接入乳酸菌，发酵而制成的一种发酵型乳制品。乳酸菌能将乳糖分解为葡萄糖和半乳糖，并进一步分解为乳酸，利于人体吸收和利用，特别适于乳糖不耐受的中国人。乳酸菌还能分解乳蛋白，生成各种氨基酸和小肽，提高乳蛋白的利用率。乳酸菌产生乳酸、乙酸和抗生素，能抑制肠道内有害微生物的生长，增强人体免疫力和预防疾病。乳酸菌还能发酵牛奶产生特有的香气，使得酸奶成为深受人们喜爱的健康食品。

工业生产上常用的菌种主要有：德氏乳杆菌保加利亚亚种（*Lactobacillus delbrueckii* subsp. *bulgaricus*）、嗜热链球菌（*Streptococcus thermophilus*）、嗜酸乳杆菌（*Lactobacillus acidophilus*）和双歧杆菌（*Bifidobacterium*）等。

27.2 实 验 用 品

1. 原料

脱脂奶粉、市售原味酸奶。

2. 器材

水浴锅、超净工作台、接种勺、培养箱、冰箱等。

27.3 实验内容与操作

1. 器具准备

将玻璃瓶(连同盖子)、接种勺洗净,在沸水中煮沸 8～10 min 进行灭菌消毒。

2. 牛奶溶液配制

称取一定量的脱脂奶粉,倒入灭菌的玻璃瓶中,加纯水和少许蔗糖(根据个人对甜味的喜好添加)溶解均质。

3. 灭菌

将配制好的牛奶溶液加热到 85～90 ℃,灭菌 5～8 min。

4. 接种

将牛奶冷却到 42～45 ℃,用接种勺接入 10%市售酸奶,搅拌均匀。

5. 培养

40 ℃培养箱培养 3～6 h。

6. 冰箱过夜

将发酵好的酸奶放入 4 ℃冰箱过夜,促进凝乳。

7. 品评

从色、香、味等感官指标进行自评和互评。

27.4 注 意 事 项

(1)严格遵守无菌操作的程序,所有器具和牛奶溶液要灭菌彻底。

(2)若用鲜牛奶代替脱脂奶粉也可,不过不能使用含有抗生素的牛奶。

27.5 作业与思考题

(1)酸奶对人体有哪些有益作用?

(2)发酵完成的酸奶为何要放入 4 ℃冰箱过夜?

实验28 苹果酒的酿造

28.1 实验目的与原理

1. 目的

了解酵母在食品生产中的应用，掌握苹果酒的酿造工艺，在实验室规模上实践工业化发酵生产，为进一步的工业化生产提供实践依据。

2. 原理

苹果酒是将新鲜苹果分选、清洗和榨汁后，加入一定量的活性干酵母进行发酵，最后经陈酿、过滤、催熟而得到的。苹果酒是世界第二大果酒，产量仅次于葡萄酒，酒精含量低，只有2%～8%（体积分数），略有甜味，果香浓郁，适口性强，是广为人们喜爱的一种饮品。

根据加工方法和特点，苹果酒又可以分为发酵苹果酒、苹果气酒和露酒等。

苹果酒包含苹果与生物发酵所产生的双重营养成分，人体所需的各种氨基酸，以及苹果酒特有的果类酸；能够帮助人体代谢，维持平衡。苹果中还含有钙、镁等多种矿物质，能帮助人体消化吸收，维持人的酸碱平衡，控制体内平衡。

28.2 实验用品

1. 原料

异维生素C钠、6%亚硫酸、果胶酶、苹果酸、白砂糖等。

2. 菌种

活性干酵母。

3. 其他器材

榨汁机、手持式糖度计、酸度计、超净工作台、还原糖测定装置(费林法)、滴定管、恒温培养箱、血球计数板等。

28.3 实验内容与操作

1. 苹果汁制备

新鲜苹果→分选→清洗→切片(1%异维生素 C 钠溶液浸泡 3～5 min)→沥干、榨汁(60～80 mg/L 二氧化硫)→果汁处理(0.02 g/L 果胶酶)→静置过夜→成分调整(使用苹果酸和白砂糖进行酸度、糖度调整:100 mL 萍果汁中,每 1.7 g 糖转化为 1%酒精,发酵初始酸为每 100 mL 0.8～1.0 g)→定型苹果汁。

2. 活性干酵母的活化

用豆芽汁培养液或 5%葡萄糖水,按照酵母与培养液 1∶20 的比例称取干酵母,在 36～38 ℃恒温水浴锅中活化 30～45 min,恢复酵母活性。

3. 接种

按照每升苹果汁加入 0.02～0.20 g 干酵母,将活化后的干酵母接种到苹果汁中。

4. 主发酵

在 16 ℃恒温培养箱中进行苹果酒主发酵。其间进行发酵指标测量检测,主要有可溶性固形物、还原糖、果酒密度、二氧化碳失重、酵母细胞密度等。发酵至还原糖含量降低至 0.5%以下,终止发酵,整个过程约 10 d。

5. 倒瓶

倒出发酵上清原酒,补加二氧化硫(30～50 mg/L)。

6. 后发酵

在 10 ℃左右进行低温后发酵 40 d,其间要每隔几天进行一次倒瓶,去除酒脚。定期检测可溶性固形物的变化,注意观察酒液澄清度和色泽的变化。

7. 下胶

采用硅藻土、皂土或明胶等胶体进行下胶,促进澄清。

8. 过滤

选用 0.1～1 μm 孔径的滤膜对苹果酒进行过滤。

9. 催熟

70 ℃处理 10 min。得到的成品酒可以装瓶、贮存。

10. 成品酒安全检测

根据果酒的国家标准和企业标准进行苹果酒成分检测，如总酸、总糖、酒精度、二氧化硫、单宁、甲醇等。

11. 品尝

根据感官指标进行苹果酒的自评和互评。

28.4 注意事项

(1)实验中使用到的器具要清洗干净，果汁要及时添加二氧化硫。

(2)在调整糖分和酸度时，加入苹果酸和白砂糖要充分溶解。

(3)发酵过程中取样时，要尽量减少发酵液与空气的接触。

28.5 作业与思考题

(1)苹果酒酿造过程中为何要加入二氧化硫，加入的量是多少？

(2)苹果酒后发酵有何目的和作用？

(3)采用明胶或皂土等胶体下胶，用量如何确定？

实验29

平菇和金针菇菌种制作和栽培实验

29.1 实验目的与原理

1. 目的

掌握食用菌母种、原种、栽培种、培养基的配制方法,掌握平菇菌砖式栽培的技术和方法,掌握金针菇袋栽技术。

2. 原理

平菇(*Pleurotus ostreatus*)是具有重要经济价值的食用菌,是世界上栽培量最大的食用菌之一,也是我国发展速度较快、种植面积较广、经济效益较高的食用菌种类。平菇肉质肥厚,风味独特,营养丰富,味道鲜美适口。由于平菇抗逆能力强,所以适应性很广,可以采用熟料、发酵料、半熟料栽培,也可以采用生料栽培。它的原料来源十分广泛,木屑、作物秸秆以及蔗糖渣、甜菜渣、木糖肥料等工业生产的下脚料都可以用来栽培平菇。平菇栽培相对容易,出菇快,生产周期短,产量高。

金针菇(*Flammulina velutipes*)子实体由细长而脆嫩的菌柄和形似铜钱的菌盖组成,呈乳白色或金黄色,其盖滑、柄脆,也是目前人工广泛栽培的食用菌之一。金针菇含有多种营养成分,其中,人体所必需的8种氨基酸含量较高,而且赖氨酸和精氨酸含量特别丰富,能促进儿童的健康成长和智力发育,因此被称为“增智菇”。金针菇是我国最早进行人工栽培的食用菌之一。我国从20世纪80年代开始用塑料袋栽培,主要利用木屑、棉籽壳、甘蔗渣等原料,大大提高了金针菇的产量及经济效益。

29.2 实验用品

1. 菌种

平菇(*Pleurotus ostreatus*)、金针菇(*Flammulina velutipes*)。

2. 器材

棉籽壳、麸皮、石膏粉、过磷酸钙、生石灰、小麦粒等。

29.3 实验内容与操作

1. 平菇菌砖式栽培

(1)母种制作　配制PDA斜面培养基具体方法参照实验12。冷却后接种,25 ℃培养7~10 d。

(2)原种制作　配制麦粒种培养基:取3 kg麦粒,淘净去浮粒,浸泡8~12 h,放入锅内煮沸20 min左右,使麦粒充分吸水,但以不煮开花为宜,然后捞出。稍冷后,拌入1%石膏粉,分装三角瓶至200 mL刻度,塞塞子,包扎好,121 ℃灭菌1 h,冷却后接种,25 ℃培养15~20 d。

(3)栽培种制作

①配方:棉籽壳78%,麸皮20%,石膏粉1%,过磷酸钙1%,料水比1∶1.3左右。

②制作方法:将棉籽壳和麸皮称好,加水(约1∶1.25)充分搅拌,使吸水均匀(0.5~1.0 h),然后把其余成分加入剩下的水中,溶解后均匀拌入料中,此时用手紧握培养料,指缝间有水渗出而不下滴为宜。然后装袋,包扎,121 ℃灭菌1 h,冷却后接种,25 ℃培养30 d左右。

(4)栽培料配制和接种(菌砖式栽培、盆栽和塑料袋脱袋栽培平菇方法)　可以利用多种原料和容器栽培平菇,如箱栽、盆栽和塑料袋脱袋栽培等。培养料配方和配制方法同平菇栽培种,但不需要灭菌。

①菌砖栽培:地面或床面先铺一层塑料薄膜,放好木模,最下面铺薄薄一层封底菌种,加5 cm厚的培养料,再依次铺一层菌种、一层培养料、封面菌种、报纸,把培养料和菌种压制成菌砖。也可以使用穴播或撒播进行播种。上面再用塑料薄膜盖好。25 ℃左右,培养20~30 d,待菌丝长满整个菌砖,即可将塑料薄膜掀开,并

喷水保持湿度。

②箱栽、盆栽：即利用木箱、纸箱、陶盆、搪瓷盆、塑料盆等作为容器，将培养料装入容器，接种方法同菌砖栽培，上面盖好塑料薄膜。木箱、纸箱在底部和四周也要铺一层塑料薄膜，以保湿和防止木材霉烂。发菌阶段，应把容器放在 25 ℃左右的地方培养。出菇阶段应把容器移到阴凉通风、有光线的地方。必要时，可把培养料从容器中搬出，因为菌丝相互连接，整个培养料已成为一个整体、不会散块，所以可以放在适当的地方培养，以增加出菇面积。

③塑料袋脱袋栽培：用聚丙烯或农用塑料薄膜，制成 35 cm×70 cm 或 20 cm×35 cm 的袋子，装入已播上菌种的培养料，放在 25 ℃左右的地方培养。待菌丝长满袋后，再移至阴凉处，除去塑料袋，进行水分管理，并注意通风和透光。经 20 d 菌丝就会长满袋。

(5)发菌期的管理　播种后到出现菌蕾时的菌丝体生长发育阶段的管理，主要是调温保湿和防止杂菌。平菇播种后 2 d，菌种开始萌发并逐渐向四周延伸发展，料温随即逐步升高，此时每天都要多次检查培养料内的温度变化，注意控制料温在 28 ℃以下，料温过高会烧死菌丝。若料温继续升高，应迅速掀开薄膜，通风降温，等温度下降后，再盖上薄膜，尽量将温度保持在 25 ℃左右。料温稳定后，就不必掀动薄膜。发现杂菌污染，可用 15%的石灰水或 0.3%多菌灵擦拭。空气相对湿度保持在 65%左右。在正常情况下，播种后 20～36 d 菌丝就可长满整个培养料。

(6)出菇期的管理　菌丝长满培养料后，每天打开菇房门窗和塑料薄膜 2 h 左右，然后再盖好，这样可加大料面温差，促使子实体形成。还要根据料面湿度喷水，将室内空气相对湿度调至 80%。达到生理成熟的菌丝体在适宜的环境条件下，会很快扭结成白色小米粒状的菌蕾堆(即子实体原基)。这时，可向空间喷水雾，保持室内空气相对湿度在 85%左右，切勿向料面喷水，以免影响菌蕾发育。同时，揭掉料面上盖的报纸，支起塑料薄膜，这样既通风又保湿，保持温度在 15～18 ℃。菌蕾堆形成后，迅速生长，2～3 d 菌柄延伸，顶端有灰黑色或褐色扁圆形的原始菌盖时，掀掉覆盖的薄膜，可向料面喷少量水，保持菇房和料面的湿度、温度、空气和光线。室内空气相对湿度应保持在 85%～90%。喷水次数在阴雨天少喷或不喷，晴天干旱多喷、轻喷，一般每天喷 2～3 次。此外，还要加强通风透光。平菇整个生长期，从播种到第一批菇采收需要 35～40 d。

(7)采收　无论采用哪一种方法栽培平菇，当平菇的菌盖基本展开，颜色由深灰色变为淡灰色或灰白色，孢子即将弹射之时，就是平菇的最适收获期。采收方法是：用左手按住培养料，右手握住菌柄，轻轻旋转拉下。也可用刀子在菌柄基部紧贴斜面处割下。采收时，不论大小一次采收完。每茬菇采收后，要将床面残留的死菇、菌柄清理干净，以防腐烂。盖上薄膜，停止喷水 4～5 d，随后轻轻喷水保持料面潮湿。经 10 d 左右，料面再度长出菌蕾。仍按第一批菇的管理方法管理。一般情况下，播种 1 次可采收 3～4 茬菇。

2. 金针菇袋栽

金针菇栽培工艺流程一般为：称取培养料→拌料、装袋、灭菌→接种、养菌→栽培管理。

(1)母种制作　方法同平菇。

(2)原种制作　方法同平菇。

(3)栽培种制作　配方：棉籽壳 75%，麸皮 20%，玉米粉 3%，白糖 1%，石膏粉 1%，料水比 1∶1.3 左右。制作方法同平菇。

(4)栽培料配制、装袋　培养料配方和配制方法同金针菇栽培种。装袋后，121 ℃灭菌 1～2 h。

(5)接种、养菌　接种时 2～3 人一组，互相配合用接种铲取菌种并迅速移入料袋内，最好放入接种孔内，然后封口即可。整个接种过程要求干净利落。发菌期间温度应控制在 22～23 ℃，后期降至 18 ℃，相对湿度小于 70%，每天通风 1～2 次。接种后定期检查，淘汰污染的菌袋。接种后 30～35 d 即可长满料袋，再培养5 d 后菌丝达到生理成熟。

(6)栽培管理(搔菌法管理技术)　搔菌是指将培养料表面的老菌皮和菌种一起去除的方法，通过搔菌去掉老菌皮和菌种，培养基表面长出新菌丝，新菌丝生命力强，分化子实体的能力也强。

①搔菌：去掉菌袋的棉花塞，将塑料袋上端部分完全撑开，接着从袋口处将塑料袋往下卷至距培养料表面 3～4 cm 处，用铁丝制成的搔菌耙将培养料表面的老菌皮和菌种一起弃除，不要将培养料耙除。

②催蕾：催蕾是金针菇栽培管理工作中最关键的一环，它关系到金针菇产量的高低和质量的优劣。为促进搔菌后原基的形成，培养室的相对湿度应控制在 85%～90%。具体的管理方法是：搔菌后将菌袋放在培养架上，马上在塑料袋袋口上覆盖无纺布、纱布、塑料薄膜或报纸等，喷水保湿。搔菌保湿 5 d 后，培养基表面出现一层白色绒毡状物，而且出现琥珀色水滴，这是原基出现的先兆。琥珀色水滴出现后，要加强通风，增加氧气量。所以，在保持相对湿度为 85%～90%的前提下，以培养基表面不干为原则，进行适当的通风换气对子实体的正常发生是十分重要的。

③菇体的生长和管理：菇蕾长满培养料表面后，很快会分化出菌柄和菌盖，即形成子实体。在金针菇子实体发育初期给予一定的低温、通风和黑暗条件，子实体

会生长得整齐。将温度降至4～6 ℃，采取覆盖与揭开通风交替进行的管理方式。子实体发育初期二氧化碳浓度控制在1 000～2 000 μL/L，子实体生长期间基本不需要光线，因此，栽培室应保持黑暗或微弱光线。当菌柄长度达到3～4 cm时，进入生长阶段。此阶段子实体的适合温度为6～8 ℃，自然条件下栽培，只要室温保持在4～16 ℃，子实体都可以正常生长。这时要及时将卷下的塑料袋往上提，一般情况下分2次提高。提高后的塑料袋口必须高于子实体5 cm左右，栽培室的相对湿度应保持在80%左右，当子实体长至15 cm左右时，相对湿度应控制在75%～80%，这样，子实体较干燥，颜色浅，菌盖不易开伞，便于销售和贮藏。

第一茬菇采收后，培养室的温度低于15 ℃时，将培养料表面的残存菇柄清理干净，再将塑料袋口卷至离培养基表面2～3 cm处，盖上覆盖物，喷水后揭开覆盖物通风。培养5～6 d，培养基的表面就会出现菇蕾，生长发育管理方法与第一茬菇管理方法类似。

29.4 注意事项

(1)平菇的菌砖在生长过程表面不能积水，否则会导致烂料；氧气不足，易染病害。

(2)金针菇生长过程要保证二氧化碳的含量，促进菌柄延长。

(3)整个栽培过程要注意控温、控湿、防污染。

29.5 作业与思考题

(1)平菇子实体的主要特征有哪些？

(2)若金针菇长得颜色深、菌柄短、菌盖较大，是由哪些原因造成的？

实验30 实验室环境和人体表面微生物检查

30.1 实验目的与原理

(1)认识实验室环境与人体表面微生物存在的普遍性和无菌操作的重要性。

(2)掌握使用培养皿筛选环境中微生物的方法。

30.2 实 验 用 品

1. 培养基

牛肉膏蛋白胨固体培养基。

2. 器材

培养皿、无菌水、无菌棉签、记号笔等。

30.3 实验内容与操作

1. 准备

(1)配制牛肉膏蛋白胨固体培养基,并于 121 ℃灭菌 20 min,冷却后,倒平板(3 块/人)。

(2)每人制作棉签 3 支,包好平皿 3 套,干热灭菌。

(3)在已灭菌平皿皿底做记号,写上班级、姓名、样品来源及方法。

视频 43

空气中微生物检查

2. 微生物检查

(1)实验室环境微生物的检查

①检查空气中的微生物(视频 43):将一个牛肉膏蛋白胨固体平板放在桌面,移去皿盖,使平板表面暴露在空气中,10 min 后盖上皿盖;将另一个牛肉膏蛋白胨固体平板放在室外,移去皿盖,10 min 后盖上皿盖。

②检查常用物品上的微生物:取棉签,蘸取少量无菌水,擦拭门把手、桌面、钞票、书本等约 2 cm^2 的范围,再在平板上划线;盖上皿盖。

(2)人体表面微生物的检查

①手指:将一块平板皿底外面中央划一条直线,将平皿等分为 2 区。一区用未洗的手指在平板表面划线;再用肥皂洗手,流水冲洗干净并干燥后,在另一区划线,盖上皿盖。检查洗手前与洗手后手指表面微生物数量和种类的差别。

②头发:移去皿盖,将头发在平板表面沿“Z”字形划线,盖上皿盖。

③咳嗽:将去皿盖的平板放在离口腔 6～8 cm 处,对着平板用力咳嗽,然后迅速盖上皿盖。

④皮肤或鼻腔:处理方法同常用物品上微生物检查。

3. 培养

将所有的平板倒置,于 37 ℃培养 24～48 h。

30.4 注意事项

(1)培养皿的记号一般标记在皿底,如果写在皿盖上,同时打开 2 个以上培养皿观察结果时,容易混淆。

(2)划线操作均要求无菌操作。

(3)无菌棉签与平板表面的角度要小,划线的力度不能过大,否则会刺破琼脂。

30.5 作业与思考题

1. 结果记录

记录每一块平板上的菌落数量、种类、特征(大小、形状、边缘、颜色、高度、透明度、干湿等),将结果记录于下表中。

(1)将你自己的平板结果记录于下表中。

样品来源	菌落数	菌落类型	特征描写						
			大小	形态	干湿	高度	透明度	颜色	边缘
1		1							
		2							
		3							
		4							
2		1							
		2							
		3							
		4							
3		1							
		2							
		3							
		4							

(2)与其他同学所做的结果进行比较。

样品来源	菌落数	菌落类型数

(3)挑不同类型的菌落进行革兰氏染色,并记录结果。

样品来源	菌落类型	染色结果

2. 思考题

通过本次实验,在防止培养物的污染与无菌操作方面,你学到些什么?有何体会?

实验31 滤膜法检测水中大肠菌群

31.1 实验目的与原理

滤膜法是采用过滤器过滤水样，使其中的细菌截留在滤膜上，然后将滤膜放在适当的培养基上进行培养，大肠菌群可直接在膜上生长，从而可直接计数。所用滤膜是一种多孔硝化纤维膜或乙酸纤维膜，用水系过滤膜即可，其孔径有 0.22 μm、0.45 μm 多种。

31.2 实 验 用 品

1. 培养基

伊红美蓝琼脂平板。

2. 器材

自来水或河水、记号笔、注射器、细菌过滤器等。

31.3 实验内容与操作

1. 滤膜灭菌

将滤膜光面朝上放入装有蒸馏水的烧杯中，浸泡过夜，以洗去滤膜上残留的溶剂。用镊子轻夹滤膜边缘，光面朝上安放在滤器中央，拧合滤器(不要太紧)，与针筒滤器一起用报纸包好，121 ℃灭菌 15 min。

2. 加水样过滤

用细菌过滤器吸取 100 mL 自来水或河水样品，用 0.22 μm 的滤膜进行过滤，滤液丢弃。用无菌的镊子夹住滤膜边缘(镊子前端可提前用酒精灯烧灼灭菌，冷却后使用)，将没有细菌的一面紧贴在伊红美蓝培养基平板中央，37 ℃培养 18～24 h。

3. 计数

观察符合大肠菌群特征的菌落，进行计数，换算并报告 1 L 自来水中大肠菌群的数量。

1 L 自来水中大肠菌群的数量 ＝ 滤膜上的大肠菌群菌落数×10

31.4 注意事项

(1)过滤后的滤膜与培养基之间不得有气泡，否则影响滤膜上大肠菌群的生长。

(2)污染的水样要先进行稀释；未知的水样可做 3 个稀释度。

31.5 作业与思考题

(1)试述滤膜法检测大肠菌群的原理和优缺点。

(2)滤膜法除了可以检测水中的细菌以外，还可以应用于微生物学的哪些方面？试举例说明。

实验32 不同来源水样中大肠菌群的测定——多管发酵法

32.1 实验目的与原理

1. 目的

学习测定水中大肠菌群数量的多管发酵法，了解大肠菌群的数量在饮水中的重要性。

2. 原理

水是食品生产中的重要原料，必须符合饮用水的标准。水是否符合标准，除需对其感官质量、放射性物质、与健康有关的无机成分等进行分析测定外，还必须对微生物进行检测。通常通过水中细菌总数和大肠菌群数来确定饮用水的卫生质量，由于大肠菌群是肠道好氧菌中最普遍和数量最多的一种，所以常将其数量作为粪便污染的标志，即根据水中大肠菌群的数目来判断水源是否被污染，并间接推测水源受肠道病原菌污染的可能性。

大肠菌群是指一群在 37 ℃、24 h 内能发酵乳糖、产酸产气、以大肠埃希菌(*Escherichia coli*)为主的需氧及兼性厌氧的革兰氏阴性无芽孢杆菌，主要包括埃希菌属(*Escherichia*)、柠檬酸细菌属(*Citrobacter*)、肠杆菌属(*Enterobacter*)、克雷伯菌属(*Klebsiella*)等。由于其在水体中存在的数目与肠道致病菌呈一定的正相关关系，抵抗力也略强，且易于检验，在水质检测中常将其作为水体受粪便污染的指标，如我国生活饮用水卫生标准中规定 1 L 水样中总大肠菌群数不超过 3 个。大肠菌群也因而称为粪便污染指示菌。其检验方法有多管发酵法及滤膜法 2 种。多管发酵法(15 管法)可适用于多种水样及食品，实验周期较长；滤膜法则适用于杂质较少的水样，特别适用于自来水厂用于常规监测。

MPN(most probable number)法：最大可能数（也称最大或然数）法，是基于泊松分布的一种间接计数方法，可在一个混杂的样品中测定具有某种特殊生理功能类群的活菌数量。水及食品中的大肠菌群系以每100 mL(g)检测样品内大肠菌群最大可能数(MPN)来表示。其基本步骤一般包括初发酵试验（乳糖蛋白胨）、分离培养试验（EMB平板）、复发酵试验（乳糖发酵管内）、革兰氏染色、显微镜观察等。具体操作要点：制备样品的系列稀释液，将一定体积的每一浓度稀释液接种到液体培养基中，每个浓度重复3～4次，培养一定时间后记录生长情况，从MPN表中查出相应数量即可。

32.2 实验用品

1. 培养基

乳糖蛋白胨培养液、伊红美蓝琼脂平板。

2. 试剂

蛋白胨、牛肉浸膏、乳糖、NaCl、溴甲酚紫、乙醇、K_2HPO_4、琼脂、伊红（曙红，eosin）、美蓝（亚甲蓝，methylene blue）、结晶紫、碘液、番红等。

3. 器材

高压蒸汽灭菌器、干热灭菌器、恒温培养箱、冰箱、生物显微镜、涡旋仪、电磁炉、培养皿、250 mL三角瓶、小试管（5 mm×150 mm）、大试管（8 mm×180 mm）、10 mL量筒、10 mL移液管、移液器（5 mL、1 000 μL、100 μL）、枪头（5 mL，蓝、黄）、载玻片、酒精灯、接种环、玻璃棒、杜氏小管、盖玻片、吸水纸、洗瓶及废液缸、记号笔。

32.3 实验内容与操作

1. 水样的采集及稀释液的制备

(1)取样　取江、河、湖、水库等水源的水样时，应选择有代表性的地点及水质可疑的地方，一般应在距水面10～15 cm深处取样。采集具有抽水设备的井水，应先抽水约5 min，除去管线中存留的水。采得水样后应立即记录水样名称、地点、时间等项目，并应从速检验，一般从采集到检验不应超过2 h。条件不允许立即检验时，应存于冰箱，但也不应超过4 h。本实验中每6人为1个大组，采集一种水样

100 mL 到一个无菌的 250 mL 三角瓶中，备用。

(2)分组　每 6 人为 1 个大组，采用一种来源的水样。

1＃、2＃同学为第 1 组，采用原始水样；3＃、4＃同学为第 2 组，制备 10^{-1} 样品稀释液；5＃、6＃同学为第 3 组，制备 10^{-2} 样品稀释液。

(3)稀释液　以无菌量筒量取所采水样 10 mL，加入到装有 90 mL 无菌水的三角瓶内，在机械振荡器上振荡 1 min，制成 10^{-1} 样品稀释液。

2. 初发酵实验

(1)无菌操作　按如下步骤进行。

5 支三倍浓乳糖发酵管	加样品 10 mL
5 支单倍浓乳糖发酵管	加样品 1 mL
5 支单倍浓乳糖发酵管	加样品 0.1 mL

加样完毕后，各管手动振荡混匀，置于 37 ℃恒温箱中培养 24 h。

(2)产酸产气　培养 24 h 后，乳糖发酵管颜色变黄为产酸，杜氏小管浮起来则为产气。产酸产气以及只产酸者视为阳性"＋"，否则为阴性"－"。

(3)划线分离　取产酸产气及只产酸的乳糖发酵管，用接种环划线接种于伊红美蓝培养基上，37 ℃培养 18～24 h。将符合下列特征的菌落进行染色镜检：深紫黑色，有金属光泽；紫黑色，不带或略带金属光泽；淡紫红色，中心颜色较深。

3. 复发酵实验

(1)革兰氏染色　将 EMB 平板上的典型大肠菌菌落进行涂片、革兰氏染色镜检。

(2)复发酵　选择革兰氏阴性、无芽孢杆菌的菌落，接种于单倍浓乳糖发酵管中，每管可接种分离自同一发酵管的典型菌落 1～3 个。37 ℃培养 24 h，产酸产气者表明该管有大肠菌群。

4. 大肠菌群计数

根据复发酵证实为大肠菌群阳性的管数，根据 2023 年颁布的《生活饮用水标准检验方法　第 12 部分：微生物指标》(GB/T 5750.12—2023)查"五次重复数统计表"的 MPN 检索表(表 32-1)。即求得每 100 mL(g)样品中大肠菌群的最大可能数，然后乘以 10 即换算成每升水样中的总大肠菌群数。如果所有乳糖发酵管均为阴性结果，可报告总大肠菌群未检出。

例如，某水样接种 10 mL 的 5 管均为阳性；接种 1 mL 的 5 管中有 2 管为阳性；接种 1∶10 的水样 1 mL 的 5 管均为阴性。从最大可能数(MPN)表(表 32-1)中查检验结果 5-2-0，得知 100 mL 水样中的总大肠菌群数为 49 个，故 1 L 水样中的总大肠菌群数为 49×10＝490(个)。

如果接种的水样量不是 10 mL、1 mL 和 0.1 mL，而是较低或较高的 3 个浓度的水样量，也可查表 32-1 求得 MPN 指数，再经下面公式换算成每 100 mL 的 MPN 值。

$$\text{MPN 值}=\text{MPN 指数}\times\frac{10(\text{mL})}{\text{接种量最大的一管}(\text{mL})}$$

表 32-1 最大可能数(MPN)表

（接种 5 份 10 mL 水样、5 份 1 mL 水样、5 份 0.1 mL 水样时，不同阳性及阴性情况下 100 mL 水样中细菌数的最大可能数和 95%可信限值）

出现阳性份数			水样中细菌数的 MPN /100 mL	95%可信限值		出现阳性份数			水样中细菌数的 MPN /100 mL	95%可信限值	
10 mL 管	1 mL 管	0.1 mL 管		下限	上限	10 mL 管	1 mL 管	0.1 mL 管		下限	上限
0	0	0	<2			4	2	1	26	9	78
0	0	1	2	<0.5	7	4	3	0	27	9	80
0	1	0	2	<0.5	7	4	3	1	33	11	93
0	2	0	4	<0.5	11	4	4	0	34	12	93
1	0	0	2	<0.5	7	5	0	0	23	7	70
1	0	1	4	<0.5	11	5	0	1	34	11	89
1	1	0	4	<0.5	15	5	0	2	43	15	110
1	1	1	6	<0.5	15	5	1	0	33	11	93
1	2	0	6	<0.5	15	5	1	1	46	16	120
2	0	0	5	<0.5	13	5	1	2	63	21	150
2	0	1	7	1	17	5	2	0	49	17	130
2	1	0	7	1	17	5	2	1	70	23	170
2	1	1	9	2	21	5	2	2	94	28	220
2	2	0	9	2	21	5	3	0	79	25	190
2	3	0	12	3	28	5	3	1	110	31	250
3	0	0	8	1	19	5	3	2	140	37	310
3	0	1	11	2	25	5	3	3	180	44	500
3	1	0	11	2	25	5	4	0	130	35	300

续表32-1

出现阳性份数			水样中细菌数的MPN/100 mL	95%可信限值		出现阳性份数			水样中细菌数的MPN/100 mL	95%可信限值	
10 mL管	1 mL管	0.1 mL管		下限	上限	10 mL管	1 mL管	0.1 mL管		下限	上限
3	1	1	14	4	34	5	4	1	170	43	190
3	2	0	14	4	34	5	4	2	220	57	700
3	2	1	17	5	46	5	4	3	280	90	850
3	3	0	17	5	46	5	4	4	350	120	1 000
4	0	0	13	3	31	5	5	0	240	68	750
4	0	1	17	5	46	5	5	1	350	120	1 000
4	1	0	17	5	46	5	5	2	540	180	1 400
4	1	1	21	7	63	5	5	3	920	300	3 200
4	1	2	26	9	78	5	5	4	1 600	640	5 800
4	2	0	22	7	67	5	5	5	≥2 400		

32.4 注意事项

(1)根据产酸产气管数的多少情况,每块EMB平板可分成若干小区分别进行划线,培养。

(2)平皿记号记在背面。

32.5 作业与思考题

(1)大肠菌群的定义是什么?

(2)EMB培养基含有哪几种主要成分?在检查大肠菌群时,各起什么作用?

(3)经检查,水样是否符合饮用标准?

(4)比较多管发酵法与滤膜法检测大肠菌群的优缺点。

第三部分
微生物学综合大实验

实验33 产α-淀粉酶黑曲霉上罐发酵实验

33.1 实验目的与原理

1. 目的

了解发酵罐的几大系统组成,即空气系统、蒸汽系统、补料系统、进出料系统、温控系统、在线控制系统;掌握发酵罐空消的具体方法及步骤;掌握发酵罐进料及实消的具体方法与步骤;掌握发酵罐各系统的控制操作方法。

2. 原理

α-淀粉酶能随机地作用于淀粉的非还原端,生成麦芽糖、麦芽三糖、糊精等还原糖,所得产物的还原性末端葡萄糖单位碳原子为α-构型,同时该酶能使淀粉浆的黏度下降,因此又称为液化酶。整个实验按照"菌种的培养→空消→实消→接种→发酵→ 放罐"的发酵过程进行。在整个发酵的过程中,每隔 6 h 取 1 次发酵液样品检测其 pH、酶活、残糖量及生物量 4 个生理指标。最后将所测数据进行整理、分析,可以得出整个发酵过程中各物质的生成和消耗的变化规律以及如何调整培养条件来提高发酵生产的效率,对大工业生产具有重要的指导意义。

以上海保兴 BIOTECH-5B GZ5L 发酵罐为例,此种型号发酵罐主要由以下系统组成:

(1)蒸汽系统　蒸汽系统的主要设备是蒸汽发生器,主要用于灭菌,分为自动加水和手动加水 2 种方式。

(2)空气系统　空气除菌设备和流程主要有:空气压缩机→贮气罐→油水分离器→空气流量计→空气过滤器→发酵罐(空气分布管)→尾气口。

(3)补料系统　补加培养基、消泡剂、酸碱等。

(4)温控系统　夹套控温。

(5)在线控制系统。

(6)进出料系统　进料口(接种口)、出料口(取样口)。

(7)管道系统　包括水流通管道、蒸汽流通管道和空气流通管道。

冷却用水:水龙头→电磁阀→发酵罐夹套入口(夹套内盘管入口)→发酵罐夹套出口(夹套内盘管出口)→下水道。

保温用水:夹套中有加热保温装置。

蒸汽:蒸汽发生器→蒸汽管道→发酵罐夹套入口(夹套内盘管入口)→发酵罐夹套出口(夹套内盘管出口)→下水道。

空气:空压机→贮气罐→油水分离器→减压阀→空气流量计→空气过滤器→发酵罐→ 尾气口。

33.2　实验用品

1. 菌种

黑曲霉(*Aspergillus niger*)。

2. 试剂

可溶性淀粉、蔗糖、柠檬酸氢二铵、KH_2PO_4、$CaCl_2$、$FeSO_4 \cdot 7H_2O$、KI、K_2HPO_4、$MgSO_4 \cdot 7H_2O$、I_2、KCl、标准缓冲溶液(pH 4.0、pH 6.86、pH 9.18)、硫酸、葡萄糖等。

3. 器材

5 L磁力搅拌发酵罐、高压蒸汽灭菌器、干热灭菌器、恒温培养箱、冰箱、制冰机、分光光度计、酸度计、水浴锅、涡旋仪、电磁炉、电动移液器、培养皿、250 mL三角瓶及瓶塞、容量瓶、小试管(5 mm×150 mm)及试管塞、大试管(8 mm×180 mm)及试管塞、大漏斗、5 mL移液管、洗耳球、1 mL枪头、100 μL枪头、纱线手套、乳胶手套等。

33.3　实验内容与操作

1. 空消

蒸汽发生器提前加好水,打开电源,提前开启蒸汽发生器,当蒸汽压力大于

0.3 MPa 时，按以下步骤进行。

(1)打开夹套进水阀门，夹套加满水。

(2)罩上钟罩，用扳手对称拧紧固定钟罩的螺丝。

(3)当蒸汽压力表压力超过 0.3 MPa 时，依次打开蒸汽发生器、蒸汽进夹套盘管，出夹套盘管等阀门，先排出管道冷凝水，当排污管出现蒸汽时，调节排污管阀门，至蒸汽缓慢溢出。

(4)罐压升至所需温度(121 ℃)时开始计时，保温保压 30 min。

保压方式：①调节主蒸汽管道进气阀门控制进气量；②调节排气口排气量大小或尾阀放气量。

(5)结束空消

①逆着蒸汽进入管道方向关闭阀门。

②同时准备好压缩空气确保蒸汽一停即充入无菌压缩空气以维持空气系统及罐内的正压。

2. 种子制备

接种黑曲霉于 PDA 液体培养基中，25 ℃，160 r/min 摇瓶培养 3 d 左右。

3. 培养基配制、实消

发酵培养基配方：可溶性淀粉 75 g，蔗糖 75 g，柠檬酸氢二铵 80 g，KH_2PO_4 15 g，$CaCl_2$ 0.5 g，$FeSO_4 \cdot 7H_2O$ 0.5 g，$MgSO_4 \cdot 7H_2O$ 0.5 g，加水定容至 5 L，pH 5.0，消泡剂(植物油)2～3 mL。

把配制好的培养基加入发酵罐内，密封发酵罐，灭菌方法同空消，当罐压升至 0.12 MPa(121 ℃)，保压、保温 30 min，实消结束。

4. 冷却接种与发酵

待培养基冷却至 28 ℃左右时，调小罐压，在接种口周围放置酒精棉球，点燃，在无菌条件下打开进料口，迅速接种。

将温度、搅拌转速、通气量等参数设定好后，进行发酵。

5. 参数监测

每隔 6 h 取一次样，检测其 pH、生物量、酶活及残糖含量等指标。

(1)pH 的测定　标准液校准 pH 计后，测定样品 pH。

(2)生物量的测定　每次取样 40～50 mL，先用大离心机(5 000 r/min，10 min)离心，收集上清液用来测定酶活和残糖(5 000 r/min 上清液直接测残糖含量，再取出 1 mL，10 000 r/min 离心 1 min 后的上清液测定酶活)，沉淀用水清洗几次后再离心，然后将所得沉淀放入 100 ℃烘箱中，烘干(2 h 左右)，然后测其干重，取平均值。

(3)酶活的测定

①相关试剂的准备:按照如下进行。

原碘液的配制:称取 0.5 g I_2 和 5.0 g KI 研磨溶解于少量蒸馏水中,定容至 100 mL,于褐色试剂瓶内保存,避免阳光直射。

稀碘液的配制:取原碘液 1 mL 稀释 100 倍。此溶液现用现配。

0.05%淀粉液的配制:称取干燥过的可溶性淀粉 0.5 g,加 5 mL 缓冲液,搅拌混合,再徐徐倾入 70 mL 煮沸的缓冲液中。继续煮沸 2 min,冷却至室温,定容至 100 mL。此溶液需要当天配制。

磷酸缓冲液(pH 6.0):0.2 mol/L K_2HPO_4(12.3 mL)+0.2 mol/L KH_2PO_4(87.7 mL)。

②酶活测定步骤:取 5 mL 0.5%的可溶性淀粉溶液,在 40 ℃水浴中预热 10 min,然后加入适当稀释(pH 6.0 的磷酸盐稀释缓冲液)的酶液 0.5 mL,反应 5 min 后,用 5 mL 0.1 mol/L H_2SO_4 终止反应。取 0.5 mL 反应液与 5 mL 碘液显色,在 620 nm 处测光密度。以 0.5 mL 水代替 0.5 mL 反应液为空白,以不加酶液(加同样体积的缓冲液)的管为对照(即取 5 mL 0.5%的可溶性淀粉溶液,在 40 ℃水浴中预热10 min,然后加入 pH 6.0 的磷酸盐稀释缓冲液 0.5 mL,反应 5 min 后,用 5 mL 0.1 mol/L H_2SO_4 终止反应。取 0.5 mL 反应液与 5 mL 碘液显色)。酶活力根据下式计算:

$$酶活力(U/mL)=(R_0-R)/R_0\times 50\times D$$

式中,R_0 和 R 分别表示对照和反应液的光密度,D 表示酶的稀释倍数。调整 D 使$(R_0-R)/R_0$ 在 0.2~0.7。确定在 40 ℃、5 min 内水解 1 mg 淀粉的酶量为一个活力单位。

(4)残糖量的测定　采用硫酸-蒽酮法测定。

①蒽酮试剂的配制:溶解 0.2 g 蒽酮于浓硫酸(分析纯 95.5%)100 mL 中,当日配制使用。具体实验过程中,应视样品分数多少来准备蒽酮试剂的配制量。比如实测样品有 50 份,为了保证结果的可靠性,安排每份样品试验重复数为 3。因为每个试验点实测需要 4 mL 蒽酮试剂,所以至少应配制的体积为 4×3×50=600 mL。此时还应考虑预实验和实验差错所消耗蒽酮试剂的量。

②标准曲线:分别取 0.1 g/L 的葡萄糖溶液 0.05 mL、0.10 mL、0.20 mL、0.30 mL、0.40 mL、0.60 mL、0.80 mL,用蒸馏水补到 1.00 mL,分别加入 4.00 mL 蒽酮试剂,迅速进入冰水浴中冷却,各管加完后一起浸入沸水浴中,管口加盖玻璃球,以防蒸发。自水浴重新煮沸开始计时,准确煮沸 10 min,冷却后进行比色。以光密度为纵坐标,以糖的含量微克数为横坐标,制作标准曲线。或使用计算器进行

一元回归得出计算式，以便计算使用。

③样品含量测定：取糖浓度为50 μg/mL左右的样品溶液1.00 mL，一式3份分别置于不同试管中，对照组加入1.0 mL蒸馏水，然后给各管加入蒽酮试剂，以标准曲线方法进行比色测定。根据标准曲线和样品浓度计算含量。

色氨酸含量较高的蛋白质对显色反应有一定的干扰。此外，试管在加入蒽酮试剂过程中，移液管尖端在试管中所停留的高度对于加入蒽酮试剂的速度影响较大，而且对反应产生颜色的深浅都会产生一定的影响。因此，实验操作应该注意。

6. 数据处理

7. 罐体清洗

33.4 注意事项

(1)通蒸汽前先关闭所有阀门。

(2)粗过滤器不空消也不实消，要定期处理，所以必须关闭通向粗过滤器的阀门。

(3)活蒸汽，灭过头，即尾汽不能关死，要保证有活蒸汽放出，但不能太大，以免分压。

(4)罐体排气口排气，并保持罐内正压。

(5)空气过滤系统只空消，不实消，以免罐中物料冲入过滤器内。但空消一结束，就要通入无菌空气吹干管路并保压，避免染菌。

(6)进蒸汽时顺着蒸汽管路打开阀门，结束时逆着进气管路关闭阀门，先开尾阀后开主阀，结束时先关主阀后关尾阀。

(7)蒸汽一停，即由无菌空气充入保持罐内正压。

33.5 作业与思考题

(1)提交实验报告(前言、材料与方法、结果与分析、讨论等)。

(2)实验采用的空气除菌流程是怎样的?

(3)发酵过程中溶解氧是如何调节的?

实验34 木霉对玉米生长的影响及其对病害的抑制作用

34.1 实验目的与原理

1. 目的

学习如何设计综合性实验；了解微生物与植物之间的协同关系；锻炼实践动手能力，学习如何完成实验设计的内容。

2. 原理

木霉是一种重要的生防菌，它与植物之间的协同生长关系研究有助于筛选安全、持效的生防菌株；并为揭示木霉诱导抗病、促生作用机理研究提供生理基础。木霉对作物生长具有促进作用，可改善作物的生长状况，有利于抗病性的提高，改善生防菌的防治效果。

本实验以5株木霉为材料，从木霉对玉米发芽、幼苗生长、玉米幼苗抗渗透胁迫以及对玉米小斑病等方面的影响来比较不同菌株的差异，筛选能促进玉米生长，提高玉米抗旱、抗病的木霉菌株，为木霉的开发利用奠定基础。

实验技术路线如下：

不同木霉菌株活化

↓

木霉孢子悬浮液制备

↓ 测定

对玉米发芽的影响	对玉米幼苗生长的影响	抗渗透胁迫能力的影响	对玉米小斑病的影响	
1. 发芽率的测定 2. 根系的活力	1. 出苗数 2. 株高 3. 干重 4. 根系活力	1. 种子萌发 2. 叶片大小 3. 生物量 4. 根系活力	对峙试验	防治效果
			病原菌生长抑制率测定	1. 发病率 2. 病情指数 3. 防治效果

↓

数据处理、作图

↓

撰写论文，分析不同木霉菌株对玉米发芽、幼苗生长、抗渗透胁迫以及对玉米小斑病等方面的影响，比较不同菌株的差异，筛选性能优良木霉菌株

34.2 实验用品

1. 菌种

木霉（*Trichoderma* spp.）5 株，编号分别为 1、2、3、4、5。

2. 试剂

乙酸乙酯（分析纯）或丙酮、保险粉（连二亚硫酸钠，$Na_2S_2O_4$）、Hoagland's（霍格兰）营养液等。

1%氯化三苯基四氮唑（TTC）溶液：准确称取 TTC 1.0 g，溶于少量水中，定容到 100 mL。用时稀释至需要浓度。

0.1 mol/L 磷酸缓冲液（pH 7.5）。

1 mol/L 硫酸：用量筒取比重 1.84 的浓硫酸 55 mL，边搅拌边加入盛有 500 mL蒸馏水的烧杯中，冷却后稀释至 1 000 mL。

3. 器材

玉米种子、直尺、天平、花盆、蛭石、灭菌锅、培养箱、分光光度计、电子天平、温箱、研钵、漏斗、试管架、药匙、石英砂、50 mL 三角瓶、100 mL 量筒、10 mL 移液

管、10 mL 刻度试管、10 mL 容量瓶、10 mL 和 1 000 mL 烧杯等。

34.3 实验内容与操作

1. 不同木霉菌株对玉米发芽的影响

木霉可以促进或抑制植物生长的现象已经被提出了许多年，木霉与植物之间互作具有复杂性。木霉对植物生长的影响是多方面的，本实验主要考察不同木霉菌株对玉米种子发芽率的影响以及同一菌株不同浓度孢子悬浮液对玉米种子发芽率的影响。

（1）不同菌株对玉米发芽率影响的测定　将表面消毒的玉米种子浸入不同木霉菌株浓度为 10^5/mL 孢子悬浮液中，浸泡 12 h 后取出，用灭过菌的吸水纸吸干多余的悬浮液后置于铺有用无菌水润湿过滤纸的培养皿中，以用无菌水浸泡的种子作为对照，每皿 100 粒，每个处理 5 次重复，置于 25 ℃培养箱中培养 3 d，记录发芽数，并计算发芽率。

$$发芽率=发芽的种子数\div种子总数\times100\%$$

（2）木霉不同浓度孢悬液对玉米发芽率影响的测定　将上述实验中能促进玉米发芽率的木霉菌株，分别制备成 10^4/mL、10^5/mL、10^6/mL、10^7/mL 的孢子悬浮液，用上述方法测定发芽率。

2. 木霉对玉米幼苗生长的影响

氯化三苯基四氮唑（TTC）是标准氧化电位为 80 mV 的氧化还原色素，溶于水中成为无色溶液，根系的活力是植物生长的重要生理指标之一，具有生活力的根在呼吸代谢过程中产生的还原物质 NAD(P)H＋H^+ 等，能将无色的 TTC 还原为红色的且不溶于水的三苯基甲腙（TTCH 或 TTF），并在波长 485 nm 处有最高吸收峰，因此，可用分光光度法定量测定。根系活力的大小以其还原四氮唑的能力来表示。

（1）制作标准曲线　取 0.4% TTC 溶液 0.2 mL 置于 10 mL 容量瓶中，加少许 $Na_2S_2O_4$ 粉末，摇匀后立即产生红色的三苯基甲腙。再用乙酸乙酯或丙酮定容至刻度，摇匀。然后分别取此液 0.25 mL、0.50 mL、1.00 mL、1.50 mL、2.00 mL 置于 10 mL 容量瓶中，用乙酸乙酯定容至刻度，即得含三苯基甲腙 25 μg/mL、50 μg/mL、100 μg/mL、150 μg/mL、200 μg/mL 的标准溶液，以空白对照作为参比，在 485 nm 波长下测定吸光度。然后以吸光度作为纵坐标，以 TTCH 浓度作为横坐标，绘制标准曲线。

(2)样品处理　称取根尖样品 0.5 g，放入 10 mL 烧杯中，加入 0.4% TTC 溶液和磷酸缓冲液的等量混合液 10 mL，把根充分浸没在溶液内，在 37 ℃下暗保温 1～3 h，此后加入 1 mol/L 硫酸 2 mL，以终止反应(与此同时做一空白实验，先加硫酸，再加根样品，其他操作同上)。

然后把根取出，吸干水分后与乙酸乙酯或丙酮 3～4 mL 和少量石英砂一起在研钵内磨碎，以提取三苯基甲腙。将红色提取液移入试管，并用少量乙酸乙酯或丙酮把残渣洗涤 3 次，皆移入试管，最后加乙酸乙酯或丙酮定容为 10 mL，用分光光度计在波长 485 nm 下比色，以空白试验作为参比测出吸光度，查标准曲线，即可求出 TTC 的还原量。

(3)实验结果　按下列公式计算 TTC 的还原量(以鲜重计)，求出根活力大小。

$$\text{TTC 的还原强度}[\mu g/(g \cdot h)] = (x \times a)/(w \times t)$$

式中，x 为标准曲线上查得的 TTCH 浓度(μg/mL)；a 为样品中被还原的 TTCH 定容的量(mL)；w 为样品鲜重(g)；t 为样品反应时间(h)。

3. 木霉对玉米种子发芽和幼苗生长抗渗透胁迫能力的影响

很多文献报道木霉对作物生长具有促进作用，可改善作物的生长状况，有利于抗病性的提高，而且根际定殖能力强的木霉菌株能迅速占领空间，影响植物根际环境，促进植物生长，具有良好的开发前景。

玉米幼苗生长的指标主要有出苗数、株高、生物量和根系活力等，本实验通过考察木霉菌株对这些指标的影响，综合评价本实验室保存的木霉菌株是否有促生长作用。

(1)玉米幼苗培养　挑选颗粒饱满的玉米种子，表面消毒后，用浓度为 10^6/mL 的木霉孢子悬浮液浸泡 12 h，然后接种于灭菌蛭石中，25 ℃温室条件，浇适量无菌水，30 d后调查出苗数、株高、生物量和根系活力。每个处理 25 株，共设 4 次重复。以无菌水浸泡处理的种子作为对照。

(2)计算出苗率　出苗率＝实际出苗数÷种子数×100%。

(3)生物量测定　将整株玉米幼苗从花盆中取出，用水冲净后，置于 80 ℃烘箱中烘 48 h，称重。

(4)根系活力的测定　方法参照本实验内容。

4. 木霉对玉米种子发芽和幼苗生长抗渗透胁迫能力的影响

真菌可以通过影响感染植物的物质代谢，产生生理活性物质来改变植物的生理特性,刺激植物的生长发育,提高植物对生物和非生物胁迫的抵抗能力。其中非生物胁迫的抗性研究则主要集中在干旱和高温等方面。

本实验将通过比较在正常条件和干旱胁迫条件下种子发芽、幼苗生长等方面的差异,探讨木霉对玉米的直接影响及其对抗渗透胁迫能力是否有增益作用。

(1)渗透胁迫条件下木霉对玉米种子萌发的影响　发芽试验选取均匀饱满的种子,表面消毒处理后分别用无菌水和浓度为 10^6/mL 的木霉孢子悬浮液浸泡 12 h,然后将这两种种子分别摆放于蒸馏水和 5%、10%、15%和 20%聚乙二醇(PEG6000)浸润的湿滤纸上,各设 8 个重复,每个重复 25 粒,置于 25 ℃恒温箱中进行发芽。发芽开始后,每天记录萌发种子正常幼苗数,直至无萌发种子出现为止。计算种子发芽率。

$$种子发芽率=最终成为正常幼苗的种子数\div种子总数\times100\%$$

(2)渗透胁迫条件下木霉对玉米幼苗生长的影响　选取均匀饱满的种子,表面消毒处理后,分别用无菌水和浓度为 10^6/mL 的木霉孢子悬浮液浸泡 12 h,摆放在湿滤纸上,室温萌发,发芽后分别移栽到盛有蛭石的花盆中,生长半个月后,选取长势良好、大小一致的两种玉米幼苗移至盛有 300 mL 霍格兰(Hoagland's)完全培养液的培养缸(可用一次性带盖纸碗替代)里,缸盖上有 5 孔,每孔中放一棵玉米幼苗。待移入培养缸里的幼苗恢复正常生长时进行渗透胁迫处理,采用聚乙二醇(PEG6000)为渗透剂,具体实验处理参照表 34-1。每个处理 20 株幼苗,对照和处理各设 5 个重复。具体胁迫过程中及时补充由于叶子蒸腾损失的水分,以保证培养缸里培养液一定的浓度。

表 34-1　玉米幼苗生长渗透胁迫处理

浸种方式	对照	胁迫处理	
无菌水浸种	霍格兰完全培养液	霍格兰完全培养液+10%PEG6000	霍格兰完全培养液+20%PEG6000
木霉浸种	霍格兰完全培养液	霍格兰完全培养液+10%PEG6000	霍格兰完全培养液+20%PEG6000

①叶片大小测定:胁迫周期结束后,每个处理随机选取 10 片叶片测量其长、宽,并计算叶面积,叶面积=0.905×叶长×叶宽。

②根系活力测定:胁迫周期结束后,测定每个处理根系的活力,具体方法参照

本实验中不同木霉菌株对玉米根系活力的影响。

③生物量测定:胁迫周期结束后,分别收获培养缸中植株的绿叶、枯叶和根,在70 ℃烘箱中烘干 48 h,用天平称得各部分的干重。

5. 不同木霉菌株对玉米小斑病的抑制作用

玉米小斑病是由玉米小斑病菌(*Bipolaris maydis*)引起的一种世界性的玉米叶部病害,每年都给玉米生产造成严重的经济损失。很多真菌可以通过影响感染植物的物质代谢,产生生理活性物质来改变植物的生理特性,刺激植物的生长发育,提高植物的抗病能力。

木霉是一种重要的生防菌,它与植物之间的协同生长关系有助于筛选安全、持效的生防菌株。本实验将通过比较不同木霉菌株对玉米小斑病菌的抑制作用,筛选具有潜在生产价值的优良菌株。

(1)对峙培养　在超净工作台分别吸取 200 μL 木霉和玉米小斑病菌的孢子悬浮液放入相应的 PDA 培养基平板中,涂布均匀,25 ℃恒温培养箱培养 3 d。将培养 3 d 的木霉和玉米小斑病菌用打孔器 (直径 5 mm)沿其菌落边缘打菌碟,接种于 PDA 平板上,两者相距约 3 cm,同时设置接球孢白僵菌和玉米小斑病菌的平板为对照,每个处理重复 5 次。25 ℃恒温培养,每日观察并记录木霉和玉米小斑病菌的菌落半径,计算病原菌生长抑制率。

病原菌生长抑制率=(对照菌落半径－处理菌落半径)÷对照菌落半径×100%

(2)木霉对玉米小斑病的防治作用　取大小相似、健康饱满的玉米种子,消毒处理后,分别用不同菌株的菌悬液(浓度为 10^7 CFU/mL)浸泡 12 h,以无菌水浸泡为对照组,将处理过的种子种于花盆中,浇适量水,每个处理 10 株,共设 4 个重复。待玉米幼苗长至 6 个叶片左右时,接种玉米小斑病菌和木霉,木霉和玉米小斑病菌孢子悬浮液浓度为 10^5/mL,接种菌液量为每株 1～2 mL,用喷雾器均匀喷雾,喷雾后立即以塑料袋套盆保湿 24 h。对照组只喷玉米小斑病孢子悬浮液。处理 10 d 后,调查病叶率和病情指数,并计算防治效果。

鉴定病情标准如下:

以叶片为单位进行鉴定。根据病斑占叶片面积的百分率,记载每片叶的感病程度,发病程度分为 9 级,见表 34-2。

表 34-2　玉米小斑病叶片发病程度分级标准

等级	病斑占叶片面积/%	等级	病斑占叶片面积/%
0	0	5	21～30
1	1	6	31～50
2	2～5	7	51～70
3	6～10	8	＞70
4	11～20		

病叶率＝发病叶片数÷调查叶片总数×100%

病情指数＝∑(各级病叶数×该级的代表数值)÷(调查总叶数×发病最高一级的代表数值)×100

防治效果＝[(对照病情指数－处理病情指数)÷对照病情指数]×100%

34.4　注 意 事 项

(1)木霉孢子悬浮液要用新鲜培养成熟的孢子制备,制备后立即使用。

(2)TTC 溶液贮于棕色瓶中,避光并放入冰箱中贮存,最好现用现配。

(3)种子萌发试验中若有严重霉烂的种子出现,则随时拣出。

(4)病情鉴定应在同一天内完成。

(5)防止玉米小斑病菌扩散到田间。

34.5　作业与思考题

(1)撰写实验报告,分析不同木霉菌株对玉米发芽、幼苗生长、抗渗透胁迫以及对玉米小斑病等方面的影响,比较不同菌株的差异,筛选性能优良的木霉菌株。

(2)如何筛选具有促生和抗病作用的优良木霉菌株?

(3)为何不同的菌株作用效果不一致?

(4)木霉促生和抗病作用的可能机制是什么?

实验35 植物根际促生菌的分离筛选与鉴定

35.1 实验目的与原理

1. 目的

学习和了解植物促生菌的分离方法,学习和了解细菌分类鉴定的原理和方法。

2. 原理

植物根际含有丰富的营养物质——根系分泌物,大量微生物能够定殖于此,这构成了根际特有的微生物区系。根际微生物区系以细菌为主,植物根际细菌与植物根际之间存在着互生关系,根据根际细菌对植物的作用可分为有益(2%～5%)、有害(8%～15%)和中性(80%～90%)三大类。能够自由生活在植物根际土壤的一类以直接或间接方式促进植物生长的有益细菌被称为植物根际促生菌(plant growth promoting rhizobacteria,PGPR)。PGPR能够通过多种途径促进植物生长,主要包括:①产生植物生长激素等物质;②促进植物对营养元素的吸收利用;③提高植物抑制病虫害等的生防能力;④减少胁迫环境下乙烯的累积。对植物根际或土壤中具有促生特性菌株的分离筛选将有利于丰富微生物肥料生产所需的优良菌种资源。

微生物个体微小,形态简单。微生物分类鉴定的方法有很多种,通常可把微生物的分类鉴定方法分成4个不同水平:①细胞的形态和习性水平;②细胞组分水平;③蛋白质水平;④核酸水平。随着分子生物学的迅速发展,细菌的分类鉴定从传统的表型、生理生化分类进入到各种基因型分类水平。但传统以实用为目的的表型特征,尤其是生理生化特征一直是细菌分类鉴定中经典且不可或缺的主要步骤与特征。16S rDNA 序列分析也成为分子生物学水平对细菌进行分类鉴定最常用的方法。

本实验以植物根际土壤为材料，利用选择性培养基结合稀释涂平板法分离筛选具有多种特性的促生根际细菌，并采用生理生化特性和 16S rDNA 序列分析相结合的方法对分离菌株进行鉴定，了解微生物代谢特性和分子生物学手段在分类鉴定中的应用。

35.2 实验用品

1. 实验材料

植物根际土壤。

2. 试剂

CAS 检测液、Salkowski's 反应液（Fe-$HClO_4$ 混合液）、钼锑贮存液、*L*-(—)-抗坏血酸、葡萄糖、硼酸、95%乙醇、葡萄糖酸、柠檬酸、$Ca_3(PO_4)_2$、$MgCl_2 \cdot 6H_2O$、$MgSO_4 \cdot 7H_2O$、KCl、$(NH_4)_2SO_4$、$MnSO_4 \cdot H_2O$、$ZnSO_4 \cdot 7H_2O$、$CuSO_4 \cdot 5H_2O$、MoO_3、$FeSO_4 \cdot 7H_2O$、KH_2PO_4、Na_2HPO_4、1-氨基环丙烷-1-羧酸（ACC）、十六烷基三甲基溴化铵（CTAB）、$FeCl_3$、铬天青（CAS）、无水双二甲胺（哌嗪）、$HClO_4$、Na_2SO_3、钼酸铵、玻璃粉、酪蛋白氨基酸、丙三醇、*L*-色氨酸、柠檬酸等。

3. 器材

植物根际土壤、人工气候箱、培养箱、显微镜、培养皿、试管、纱布、酒精灯、滤纸、卷纸、盖玻片、载玻片、烧杯、量筒、移液器（1 μL、20 μL、200 μL）、无菌滤膜、滤器、离心管（1.5 mL、10 mL、50 mL）、三角瓶（250 mL、500 mL）、硅胶塞、尺子等。

35.3 实验内容与操作

1. 解磷菌、解钾菌、固氮菌的分离筛选

（1）配制解磷、解钾、固氮培养基，115 ℃灭菌 25 min 后倒平板，分别编号 $P10^{-2}$、$P10^{-3}$、$P10^{-4}$，$K10^{-2}$、$K10^{-3}$、$K10^{-4}$，$N10^{-2}$、$N10^{-3}$、$N10^{-4}$，备用。

（2）制备土壤稀释液，称取土样 10 g，放入装有 90 mL 无菌水的三角瓶中，振荡 10 min，即为 10^{-1} 的土壤悬液。另取装有 4.5 mL 无菌水的试管 3 支，编号 10^{-2}、10^{-3}、10^{-4}，用移液器吸土壤悬液 0.5 mL，加入编号 10^{-2} 的无菌水试管中，轻轻摇动，使之混合均匀，即为 10^{-2} 的土壤稀释液。同法由 10^{-2} 的试管中吸取 0.5 mL稀释液加入编号 10^{-3} 的无菌水试管中，混合均匀，即为 10^{-3} 的土壤稀释液。同法获得 10^{-4} 的土壤稀释液。

(3)用移液器吸取 10^{-4} 的土壤稀释液 0.1 mL，放在编号 10^{-4} 的培养皿中；同法分别吸取 10^{-3} 和 10^{-2} 的土壤稀释液 0.1 mL 放在编号 10^{-3} 和 10^{-2} 的含解磷、解钾、固氮培养基的平板中。

(4)用无菌刮铲涂布均匀，倒置在 28～30 ℃的温箱中，培养 2～3 d，如有水解圈，测量产生的水解圈的直径记为 D，菌落直径记为 d，进行比较分析。设置 3 个重复。将所得菌株在平板上划线纯化后保存备用。

2. ACC 脱氨酶活性菌株的分离筛选

(1)取土样 1 g 悬浮于 50 mL PAF 液体培养基中，于 28 ℃下，200 r/min 振荡培养 24 h。

(2)重复转接 1 次后，吸取 1 mL 悬浮液至 50 mL ADF 培养液中，相同条件下培养 24 h。

(3)然后吸取 1 mL 悬浮液至 ADF 培养基中，进行 ACC 脱氨酶活性菌株的筛选。如此转接 1 次后，用接种环蘸取少量富集培养液，在分离纯化培养基平板上划线分离，28 ℃培养。待平板上出现单菌落后，挑取单菌落转接至分离纯化斜面培养基上。

3. 菌株液体溶磷能力的测定

(1)绘制磷标准曲线　在分析天平上称取经 105 ℃烘至恒重的磷酸二氢钾 1.098 5 g，加约 200 mL 水溶解，再加 5 mL 浓硫酸(防腐)，最后用水定容到 1 L，此溶液为浓度 250 mg/L 的磷母液，可长期保存。将一定量的磷母液稀释 10 倍得浓度为 25 mg/L 的磷标准工作液。分别吸取上述磷标准工作溶液 0 μL、100 μL、200 μL、300 μL、400 μL、500 μL、600 μL、700 μL、800 μL、900 μL、1 000 μL 于比色管中，加水稀释至约 4 mL，滴入 2 滴 2,4-二硝基酚作为显色剂，再滴入几滴 4 mol/L NaOH 使溶液调至刚出现黄色，接着用 1 mol/L H_2SO_4 调至无色。加 1 mL 钼锑抗显色试剂(含抗坏血酸)，并补水至 10 mL 定容，摇匀后静置反应 30 min，于分光光度计 700 nm 处测定吸光值。以测得的吸光度为纵坐标，以磷浓度(μg/mL)为横坐标，绘制成磷标准曲线。

(2)检测　配制溶磷培养液分装至小试管中(d=1.5 cm)，115 ℃灭菌25 min，冷却备用。将活化好的菌株依次接种至培养液中，28 ℃、160 r/min 培养 7 d。取 4 mL 菌液，8 000 r/min 离心 10 min，取上清液 100 μL，加入 4 mL 三级水，滴入 2 滴2,4-二硝基酚作为显色剂，再滴入几滴 4 mol/L NaOH 使溶液调至刚出现黄色，接着用 1 mol/L H_2SO_4 调至无色。加 1 mL 钼锑抗显色试剂（含抗坏血酸），并补水至10 mL 定容，摇匀后静置反应 30 min，于分光光度计 700 nm 处测定吸光值。同时以未接种的空白培养基进行相应处理的作为对照。通过磷标准曲线，可查出接菌处理各培养液中可溶性磷的浓度。同时可用 pH 计检测记录培养液 pH，以研究菌株溶磷能力与菌株产酸能力间的相关关系。

4. 菌株产吲哚乙酸（IAA）能力的测定

（1）绘制 IAA 标准曲线　用分析天平称取 50 mg IAA，以三级水溶于 500 mL 容量瓶中，加水定容至刻度，混匀，溶液的 IAA 浓度为 100 mg/L。然后分别吸取 IAA 标准溶液 0 mL、0.15 mL、0.3 mL、0.45 mL、0.6 mL、0.75 mL、0.9 mL、10.5 mL、1.2 mL、1.35 mL、1.5 mL 于干净试管中，加入蒸馏水补足至 2 mL，然后加入 4 mL Salkowski's 反应液，混匀，即得终浓度为 0 μg/mL、2.5 μg/mL、5 μg/mL、7.5 μg/mL、10 μg/mL、12.5 μg/mL、15 μg/mL、17.5 μg/mL、20 μg/mL、22.5 μg/mL、25 μg/mL IAA 标准系列溶液，室温避光反应 30 min，测量 530 nm 光吸收值。以测得的吸光度为纵坐标，以 IAA 浓度（mg/L）为横坐标，绘制成 IAA 标准曲线。

（2）检测　配制产 IAA 培养液，分装至小试管中（直径 1.5 cm），115 ℃灭菌 25 min，冷却备用。将活化好的菌株接种至培养液中。28 ℃，160 r/min 培养 3 d。取 4 mL 菌液，5 000 r/min 离心 10 min，取上清液 1 mL，加 50 μL 10 mmol/L的正磷酸，加入 2 mL Salkowski's 反应液，25 ℃避光反应 30 min，测量 530 nm 吸光值。同时以空白培养基作为对照。通过 IAA 标准曲线，换算出培养液中 IAA 的浓度。

5. 产铁载体（siderophore）能力的半定量测定

测定铁载体所用器皿均需用 6 mol/L HCl 浸泡，进行脱铁处理，再用纯水冲洗干净，烘干后备用。

（1）配制 MKB 培养液，分装后 115 ℃灭菌 20 min，冷却备用。

（2）依次将新鲜菌苔接种于 MKB 培养液内，160 r/min，28 ℃培养 48 h。

（3）将培养好的菌液 5 000 r/min 离心 10 min，取 2 mL 上清液加入至等体积 CAS 检测液中，混匀后反应 1 h，以去离子水作为对照调零测定 630 nm 波长处的吸光值（记为 A）。同时取 2 mL CAS 检测液与 2 mL 未接种的 MKB 液体培养基上清液充分混匀，以去离子水作为对照调零，同法测定吸光值即为参值（记为 Ar）。

（4）分别求 A 值和 Ar 值的比值，按照表 35-1，确定铁载体的产量。

表 35-1 铁载体产量的半定量分析

A/Ar	0～0.2	0.2～0.4	0.4～0.6	0.6～0.8	0.8～1	≥1
相对强度	+++++	++++	+++	++	+	−

注：A/Ar 值越小，表明铁载体产量越高。

6. 细菌生理生化鉴定

对具有明显促生作用特性的菌株进行如下实验：革兰氏染色、葡萄糖氧化发酵试验、接触酶试验、明胶液化试验、甲基红试验、VP 试验、吲哚试验、淀粉水解试验等。部分具体实验方法可参见本实验指导相应部分或参考《常见细菌系统鉴定手册》。

(1)葡萄糖氧化发酵试验　用接种针无菌操作蘸取少量菌苔，穿刺接种于休-利夫森二氏半固体培养基，每株菌株接种 4 支。其中 2 支用灭菌的凡士林石蜡油(熔化的 2/3 凡士林中加入 1/3 液体石蜡，高压灭菌)封盖，0.5～1.0 cm 厚，以隔绝空气为闭管(注意：培养基内部中不要混有空气，否则会干扰观察发酵产酸的结果)。另 2 支不封油为开管。同时还要设置不接种的闭管和开管作为对照。适温(28～37 ℃)培养 3～14 d，观察结果。只有开管产酸变黄者为氧化型，开管和闭管均产酸变黄者为发酵型。

(2)接触酶试验　以铂丝接种环取一小环培养物，涂抹于已滴有 3% 过氧化氢的玻片上，如有气泡产生则为阳性，无气泡则为阴性。

7. 细菌的分子生物学鉴定

(1)SDS-蛋白酶 K 法提取细菌基因组 DNA

①将菌株接种于牛肉膏蛋白胨培养液，28 ℃、160 r/min 培养 24 h，取 1.5 mL 菌液，5 000 r/min 离心 10 min 收集菌体，并洗涤 2 次。向沉淀的菌体细胞中加入 10 mg/mL 的溶菌酶 120 μL，37 ℃水浴 30 min。

②加入 10% SDS 溶液 0.15 mL 及 10 mg/mL 蛋白酶 K 溶液 0.01 mL。

③37 ℃水浴 30 min 后，立即转入 75 ℃水浴中，水浴 5 min。

④加入 5 mol/L KAc 0.3 mL 并上下混匀后，冰浴 30 min，每隔几分钟轻轻振荡 1 次。

⑤10 000 r/min 离心 10 min，定量吸取上清液，重复此操作 1 次。

⑥取上清液，加入 2 倍体积 −20 ℃预冷无水乙醇，出现絮状 DNA 沉淀。若无絮状沉淀，则置于 −20 ℃冷冻 3 h，取出 10 000 r/min 离心 10 min。离心收集沉淀，自然干燥后，加 100 μL 二级水或 TE 缓冲液溶解。

⑦用 1% 的琼脂糖凝胶电泳检测是否产生清晰的基因组 DNA 条带，如有，则

−20 ℃保存相应 DNA 样品。

(2)16S rDNA 的 PCR

①16S rDNA 的扩增:PCR 引物采用细菌 16S rDNA 通用引物,由上海生工生物科技有限公司合成,引物序列为:27F:5′-AGAGTTTGATCCTGGCTCAG-3′;1492R:5′-TACGGCTACCTTGTTACGACTT-3′。

②PCR 反应体系:5 μL 5×PCR Master Mix(TaKaRa),每种引物 1 μL(25 pmol/μL),1 μL 细菌基因组 DNA,最后加无菌去离子水至终体积 50 μL。

③PCR 扩增条件:94 ℃预变性 5 min;94 ℃变性 1 min,56 ℃退火 1 min,72 ℃延伸90 s,30 个循环;然后 72 ℃延伸 10 min。PCR 产物用 1%的琼脂糖凝胶电泳进行检测是否产生 1.5 kb 的条带。

(3)序列测序及提交　PCR 产物由上海生工生物科技有限公司完成测序后,在 NCBI(http://blast.ncbi.nim.gov/Blast.cgi/)数据库进行比较,并下载模式菌株序列构建进化树。使用软件 Sequin 将测序序列提交到 NCBI,获取 GenBank 登录号。

35.4 注意事项

(1)钼锑抗显色剂等要现用现配,注意 CAS 检测液的颜色。

(2)稀释涂布平板时,在向平板中加入稀释土壤悬液时按照稀释倍数高的样品向稀释倍数低的样品依次进行,涂布时也是如此。

(3)标准曲线的 R^2 要达到 0.99。

(4)DNA 提取过程避免核酸酶的污染。

(5)严格按照无菌操作的要求进行实验。

(6)PCR 扩增时,一定要设置未加 DNA 模板的阴性对照处理。

35.5 作业与思考题

(1)如何分离筛选植物根际解磷菌?

(2)根据水解圈及菌落的直径大小评价菌株溶磷能力。

(3)菌株生理生化特性和 16S rDNA 序列分析在细菌分类鉴定中得到广泛应用,其原因是什么?

附录Ⅰ　教学常用培养基

一、培养基一览表(按笔画顺序排列)

培养基名称	配方编号	培养基名称	配方编号
ADF 盐培养基	28	缺碳培养基	12
Hoagland's(霍格兰)营养液	30	缺氮培养基	13
LB 培养基	33	缺磷培养基	14
MKB 培养液	26	缺钾培养基	15
NBRIP 培养基	24	缺锌培养基	16
MRS 培养基	36	酒精发酵培养液	19
PAF 培养基	29	根瘤菌培养基	22
三画		胰胨培养基	39
马丁氏培养基	5	**十一画**	
马铃薯蔗糖培养基	4	葡萄糖牛肉膏蛋白胨培养基	2
四画		淀粉牛肉膏蛋白胨培养基	9
牛肉膏蛋白胨培养基	1	葡萄糖蛋白胨水液体培养基	31
六画		葡萄糖蛋白胨酚红琼脂培养基	17
休-利夫森二氏半固体培养基	10	蛋白胨氨化培养基	18
产吲哚乙酸(IAA)培养液	27	铵盐培养基	21
伊红美蓝培养基	35	淀粉铵盐培养基	32
七画		**十三画**	
阿什比无氮培养基	7	蒙金娜无机磷培养基	23
完全培养基	11	解钾培养基	25
八画		**十四画以上**	
明胶培养基	37	蔗糖豆芽汁培养基	3
乳糖蛋白胨培养基	38	糖发酵基础培养液	8
十画		赫奇逊噬纤维菌基础培养液	20
高氏一号合成培养基	6	察氏培养基	34

二、培养基配方

以下所用培养基除少数另行说明外，均可加 1.5%～2.0%琼脂即得固体培养基。

1. 牛肉膏蛋白胨培养基(NA)

牛肉膏	3.0 g	蛋白胨	10.0 g
氯化钠	5.0 g	水	1 000 mL
pH	7.2～7.4		

2. 葡萄糖牛肉膏蛋白胨培养基

牛肉膏	3.0 g	蛋白胨	5.0 g
氯化钠	5.0 g	葡萄糖	10.0 g
水(或蒸馏水)	1 000 mL	pH	7.2～7.4

3. 蔗糖豆芽汁培养基

蔗糖(或葡萄糖)	10～30 g	黄豆芽	100 g
水	1 000 mL	pH	7.2

4. 马铃薯蔗糖培养基(PDA 培养基)

马铃薯(去皮)	200 g	蔗糖(白糖或葡萄糖)	20 g
琼脂	15～18 g	水	1 000 mL
pH	自然		

5. 马丁氏(Martin)培养基

葡萄糖	10.0 g	蛋白胨	5.0 g
KH_2PO_4	1.0 g	$MgSO_4 \cdot 7H_2O$	0.5 g
琼脂	18～20 g	水	800 mL

1/3 000 孟加拉红水溶液　100 mL

使用时在每毫升培养基中加入链霉素 30 μg。

6. 高氏一号(Gause's Ⅰ)合成培养基

可溶性淀粉	20.0 g	KNO_3	1.0 g
K_2HPO_4	0.5 g	$MgSO_4 \cdot 7H_2O$	0.5 g
NaCl	0.5 g	$FeSO_4 \cdot 7H_2O$	0.01 g
琼脂	15～18 g	水	1 000 mL
pH	7.2～7.4		

7. 阿什比(Ashby)无氮培养基(也称阿须贝无氮培养基，用于培养固氮菌)

甘露醇	10.0 g	KH_2PO_4	0.2 g

$MgSO_4 \cdot 7H_2O$	0.2 g	NaCl	0.2 g
$CaSO_4 \cdot 2H_2O$	0.1 g	$CaCO_3$	5.0 g
琼脂	15～18 g	水	1 000 mL
pH	7.2～7.4		

8. 糖发酵基础培养液

蛋白胨	10.0 g	氯化钠	5.0 g
水	1 000 mL		

pH 调至 7.4 后，每 1 000 mL 培养基中加入 1.6%溴甲酚紫(BCP)或溴麝蓝(BTB)1 mL，混匀后使培养基呈蓝色。常规灭菌后使用前以无菌操作定量加入灭菌的浓糖液（浓度为 20%）。

9. 淀粉牛肉膏蛋白胨培养基（用于淀粉水解试验）

可溶性淀粉	2.0 g	牛肉膏	3.0 g
蛋白胨	5.0 g	水	1 000 mL
pH	7.2～7.4		

10. 休-利夫森(Hugh-Leifson)二氏半固体培养基

葡萄糖	10 g	蛋白胨	2 g
K_2HPO_4	0.2 g	NaCl	5 g
1.6%溴麝蓝水溶液	3 mL	琼脂	5～6 g
水	1 000 mL	pH	7.2

分装试管，培养基高度 5 cm，10 lbf/in^2 灭菌 20 min。

11. 完全培养基（用于测定营养元素对微生物生长的影响）

蔗糖	50 g	NH_4NO_3	3 g
KH_2PO_4	1 g	$MgSO_4 \cdot 7H_2O$	1 g
$FeSO_4 \cdot 7H_2O$	0.1 g	1%$ZnSO_4$	5 mL
水	1 000 mL		

12. 缺碳培养基(用于测定营养元素对微生物生长的影响)

NH_4NO_3	3 g	KH_2PO_4	1 g
$MgSO_4 \cdot 7H_2O$	1 g	$FeSO_4 \cdot 7H_2O$	0.1 g
NaCl	2 g	1%$ZnSO_4$	5 mL
水	1 000 mL		

13. 缺氮培养基(用于测定营养元素对微生物生长的影响)

蔗糖	50 g	$FeSO_4 \cdot 7H_2O$	0.1 g
KH_2PO_4	1 g	$MgSO_4 \cdot 7H_2O$	2 g

NaCl	1 g	1% $ZnSO_4$	5 mL
水	1 000 mL		

14. 缺磷培养基(用于测定营养元素对微生物生长的影响)

蔗糖	50 g	NH_4NO_3	3 g
KCl	1 g	$FeSO_4 \cdot 7H_2O$	0.1 g
$MgSO_4 \cdot 7H_2O$	1 g	1% $ZnSO_4$	5 mL
水	1 000 mL		

15. 缺钾培养基(用于测定营养元素对微生物生长的影响)

蔗糖	50 g	NH_4NO_3	3 g
NaH_2PO_4	1 g	$MgSO_4 \cdot 7H_2O$	1 g
$FeSO_4 \cdot 7H_2O$	0.1 g	1% $ZnSO_4$	5 mL
水	1 000 mL		

16. 缺锌培养基(用于测定营养元素对微生物生长的影响)

蔗糖	50 g	NH_4NO_3	3 g
KH_2PO_4	1 g	$MgSO_4 \cdot 7H_2O$	1 g
$FeSO_4 \cdot 7H_2O$	0.1 g	1% $ZnSO_4$	5 mL
水	1 000 mL		

17. 葡萄糖蛋白胨酚红琼脂培养基

葡萄糖	1 g	蛋白胨	1 g
NaCl	1 g	KH_2PO_4	2 g
酚红水溶液 (1∶500)	6 mL	琼脂	20 g
水	1 000 mL	pH	7.0

分装试管(以摆斜面量分装),10 lbf/in^2 灭菌 20 min。

18. 蛋白胨氨化培养基

蛋白胨	5.0 g	K_2HPO_4	0.5 g
$MgSO_4 \cdot 7H_2O$	0.5 g	KH_2PO_4	0.5 g
水	1 000 mL		

19. 酒精发酵培养液

红糖	100 g	KH_2PO_4	1.0 g
$(NH_4)_2SO_4$	2.0 g	水	1 000 mL

pH 7.0～7.2,121 ℃灭菌 30 min。

20. 赫奇逊 (Hutchison) 噬纤维菌基础培养液

KH_2PO_4	1 g	$MgSO_4 \cdot 7H_2O$	0.3 g

$FeCl_3$	0.01 g	$CaCl_2 \cdot 6H_2O$	0.1 g
NaCl	0.1 g	$NaNO_3$	2.5 g
水	1 000 mL		

pH 7.0～7.2，121 ℃灭菌 30 min。

21. 铵盐培养基(用于硝化作用第一阶段)

$(NH_4)_2SO_4$	2 g	K_2HPO_4	1 g
Na_2HPO_4	0.25 g	$MgSO_4 \cdot 7H_2O$	0.04 g
$MnSO_4 \cdot 4H_2O$	0.01 g	$CaCO_3$	5 g
水	1 000 mL	pH	7.0(或自然)

22. 根瘤菌培养基

(1)甘露醇酵母汁培养基

甘露醇	10.0 g	酵母汁	100 mL
K_2HPO_4	0.5 g	$MgSO_4 \cdot 7H_2O$	0.20 g
NaCl	0.1 g	$CaCO_3$	3.0 g
水	990 mL		

酵母汁制法：称干酵母 100 g，加水 1 000 mL，煮沸 1 h 后，121 ℃灭菌 30 min。冷却后置冰箱中保存，待酵母完全沉淀，取上层清液，即酵母汁。

(2)蔗糖、酵母膏培养基

蔗糖	10.0 g	酵母膏	4 g
K_2HPO_4	0.5 g	$MgSO_4 \cdot 7H_2O$	0.5 g
NaCl	0.2 g	0.5% $NaMoO_4$ 溶液	4.0 mL
0.5% H_3BO_3 溶液	4.0 mL	$CaCO_3$	5.0 g
水	1 000 mL	pH	7.2～7.4

以上两种培养基 121 ℃灭菌 30 min。

23. 蒙金娜无机磷培养基(Pikovskaya 培养基，即 PVK 培养基，用于分离溶磷菌)

葡萄糖	10 g	$Ca_3(PO_4)_2$	10 g
$(NH_4)_2SO_4$	0.5 g	NaCl	0.3 g
KCl	0.3 g	$MgSO_4 \cdot 7H_2O$	0.3 g
$FeSO_4 \cdot 7H_2O$	0.03 g	$MnSO_4 \cdot 4H_2O$	0.03 g
水	1 000 mL	琼脂	15～20 g
pH	7.2(或自然)		

24. NBRIP 培养基(用于分离溶磷菌或检测菌株溶磷能力)

葡萄糖	10 g	$Ca_3(PO_4)_2$	5 g

$MgCl_2 \cdot 6H_2O$	5 g	$MgSO_4 \cdot 7H_2O$	0.25 g
KCl	0.2 g	$(NH_4)_2SO_4$	0.1 g
水	1 000 mL	pH	7.0

115 ℃灭菌 25 min。

25. 解钾培养基

蔗糖	5 g	$Na_2HPO_4 \cdot 12H_2O$	1.0 g
$MgSO_4 \cdot 7H_2O$	0.2 g	$FeCl_3$	0.05 g
$CaCO_3$	0.1 g	玻璃粉	1.0 g
琼脂	15～20 g	水	1 000 mL
pH	7.0～7.5		

26. MKB 培养液(用于铁载体测定)

酪蛋白氨基酸	5.0 g	丙三醇	15 mL
K_2HPO_4	2.5 g	$MgSO_4 \cdot 7H_2O$	2.5 g
水	1 000 mL	pH	7.2

27. 产吲哚乙酸(IAA)培养液

葡萄糖	1 g	*L*-色氨酸	0.5 g
K_2HPO_4	8.709 g	KH_2PO_4	6.805 g
$MgSO_4 \cdot 7H_2O$	1.232 g	$(NH_4)_2SO_4$	3.303 g
水	1 000 mL	pH	7.0～7.5

28. ADF 盐培养基(用于分离产 ACC 脱氨酶活性菌株)

KH_2PO_4	4 g	Na_2HPO_4	6 g
$MgSO_4 \cdot 7H_2O$	0.2 g	葡萄糖	2 g
葡萄糖酸	2 g	柠檬酸	2 g
$(NH_4)_2SO_4$	2 g	水	1 000 mL
pH	7.2		

临用时加入过滤除菌的 ACC 溶液，使 ACC 终浓度为 3 mmol/L，即得 ADF 培养基。

29. PAF 培养基

蛋白胨	10 g	酪蛋白水解物	10 g
$MgSO_4$	1.5 g	K_2HPO_4	1.5 g
甘油	10 mL	水	1 000 mL
pH	7.2		

30. Hoagland's(霍格兰)营养液

四水硝酸钙	945 mg/L	硝酸钾	506 mg/L
硝酸铵	80 mg/L	磷酸二氢钾	136 mg/L
硫酸镁	493 mg/L	铁盐溶液	2.5 mL
微量元素液	5 mL	pH	6.0

其中,铁盐溶液

七水硫酸亚铁	2.78 g	乙二胺四乙酸二钠	3.73 g
蒸馏水	500 mL	pH	5.5

微量元素液

碘化钾	0.83 mg/L	硼酸	6.2 mg/L
硫酸锰	22.3 mg/L	硫酸锌	8.6 mg/L
钼酸钠	0.25 mg/L	硫酸铜	0.025 mg/L
氯化钴	0.025 mg/L		

可以将上述营养液配成 10 倍或 20 倍浓度,用时稀释即可。注意用前调整 pH。

31. 葡萄糖蛋白胨水液体培养基(用于 VP 试验和 MR 试验)

蛋白胨	5 g	葡萄糖	5 g
K_2HPO_4	2 g	水	1 000 mL

pH 7.2

32. 淀粉铵盐培养基

可溶性淀粉	10.0 g	$(NH_4)_2SO_4$	2.0 g
K_2HPO_4	1.0 g	$MgSO_4 \cdot 7H_2O$	1.0 g
NaCl	1.0 g	$CaCO_3$	3.0 g
水	1 000 mL	pH	7.3±0.1

33. LB 培养基(用于细菌培养)

胰化蛋白胨	10 g	酵母提取物	5 g
NaCl	10 g	水	1 000 mL

pH 7.0

34. 察氏培养基(蔗糖硝酸钠培养基,用于青霉、曲霉鉴定及其他利用硝酸盐的微生物菌种保存)

硝酸钠	3 g	磷酸氢二钾	1 g
硫酸镁	0.5 g	氯化钾	0.5 g
硫酸亚铁	0.01 g	蔗糖	30 g

水	1 000 mL	pH	自然或 7.0～7.2

35. 伊红美蓝培养基(EMB 培养基,一般用于检测大肠杆菌)

蛋白胨	10 g	乳糖	10 g
磷酸氢二钾	2 g	琼脂	20～30 g
蒸馏水	1 000 mL	2%伊红水溶液	20 mL
0.5%美蓝水溶液	13 mL		

36. MRS 培养基(用于培养乳酸菌)

葡萄糖	20 g	牛肉蛋白粉或牛肉膏	10 g
酵母浸出汁粉或酵母粉	5 g		
磷酸氢二钾	2 g	乙酸钠	5 g
柠檬酸三铵	2 g	吐温 80	0.1 g
硫酸镁	0.58 g	硫酸锰	0.28 g
蒸馏水	1 000 mL		

37. 明胶培养基

牛肉膏	3 g	明胶	120～180 g
蛋白胨	10 g	水	1 000 mL
NaCl	5 g	pH	7.2～7.4

115 ℃灭菌 15 min(注意:温度过高明胶分子结构被破坏,不再凝固;该培养基中不加琼脂)。

38. 乳糖蛋白胨培养液(用于多管发酵法检测水体中大肠菌群)

蛋白胨	10 g	NaCl	5 g
牛肉膏	3 g	1.6%溴甲酚紫乙醇溶液	1 mL
乳糖	5 g	pH	7.2～7.4

115 ℃灭菌 20 min。

39. 胰胨培养基(吲哚培养基,用于吲哚试验)

胰酪蛋白胨	10 g	水	1 000 mL
NaCl	5 g		
pH	7.3～7.5(也可加 *L*-色氨酸 0.5 g)		

附录Ⅱ　教学常用染色液及主要试剂

一、教学常用染色液及主要试剂一览表(按笔画排序)

试剂名称	试剂编号	试剂名称	试剂编号
CAS 检测液	18	吲哚试剂	24
Dorner 黑素液	7	**八画**	
Salkowskis's 反应液	19	乳酸石炭酸棉蓝染色液	16
VP 甲液	21	**九画**	
VP 乙液	22	结晶紫染色液	3
四画		费氏及康氏 (Fisher&Cohn)鞭毛染色液	11
孔雀绿染色液	6	**十画**	
五画		钼锑贮存液	20
石炭酸藻红染色液	14	**十二画**	
甘油明胶封片剂	17	番花红染色液	5
甲基红试剂	23	稀释结晶紫染液	13
六画		鲁氏 (Lugol's)碘液	4
吕氏(Loeffler)美蓝染色液	1	**十三画**	
齐氏(Ziehl)石炭酸复红染色液	2	硼酸钠美蓝染色液	9
刚果红染色液	12	碘液(酵母菌染色用)	15
七画		鞭毛染色液	10
利夫森 (Leifson)染色液	8		

二、染色液及试剂的配制

1. 吕氏(Loeffler)美蓝染色液

A液：美蓝(methylene blue)	0.3 g	95%酒精	30 mL
B液：氢氧化钾(KOH)	0.01 g	蒸馏水	100 mL

分别配制A液和B液，然后混合即成。

2. 齐氏(Ziehl)石炭酸复红染色液

A液：碱性复红(basic fuchsin)	0.3 g	95%酒精	10.0 mL
B液：石炭酸(酚)	5.0 g	蒸馏水	95 mL

将碱性复红溶于95%酒精中，配成A液。将石炭酸溶于蒸馏水中，配成B液。两液混合即成。

3. 结晶紫染色液(Hucker改订)

A液：结晶紫(crystal violet)	2.5 g	95%酒精	25.0 mL
B液：草酸铵$(NH_4)_2C_2O_4 \cdot H_2O$	1.0 g	蒸馏水	100 mL

将结晶紫研细后，加入95%酒精，使之溶解，配成A液。将草酸铵溶于蒸馏水，配成B液。两液混合即成。

4. 鲁氏(Lugol's)碘液(用于革兰氏鉴别染色)

碘	1.0 g	碘化钾	2.0 g
蒸馏水	300 mL		

先将碘化钾溶于少量蒸馏水中，再将碘溶于碘化钾溶液中，溶时可稍加热，最后加足蒸馏水量。

5. 番花红染色液(用于革兰氏鉴别染色)

番红O(safranine O)	2.0 g	蒸馏水	100 mL

6. 孔雀绿染色液(用于芽孢染色)

孔雀绿(malachite green)	5.0 g	蒸馏水	100 mL

先将孔雀绿研细，加少许95%酒精溶解，再加蒸馏水。

7. Dorner黑素液(用于荚膜染色)

黑素(nigrosin)	10.0 g	蒸馏水	100 mL
福尔马林(40%甲醛)	0.5 mL		

将黑素在蒸馏水中煮沸5 min，加入福尔马林作为防腐剂，用玻璃棉过滤。

8. 利夫森(Leifson)染色液(用于荚膜染色)

饱和钾明矾液(20%)	20.0 mL	单宁酸(鞣酸)	10.0 g
蒸馏水	100 mL	95%酒精	15.0 mL

碱性复红的酒精(95%)饱和液	3.0 mL		

上列各液依次混合。

9. 硼酸钠美蓝染色液

硼酸钠	1.0 g	美蓝	0.1 g
蒸馏水	200.0 mL		

10. 鞭毛染色液

鞭毛染色液Ⅰ

饱和钾明矾液(20%)	2.0 mL	20%单宁酸	2.0 mL
碱性复红的酒精(95%)饱和液	10.0 mL	5%石炭酸液	5.0 mL

以上各液于染色前1～3 d,按次序混合;过滤后使用,以过滤后2～3 d使用效果最好。

鞭毛染色液Ⅱ

A液:单宁酸	5 g	$FeCl_3$	1.5 g
福尔马林(15%)	2.0 mL	NaOH(1%)	1.0 mL
蒸馏水	100 mL		
B液:$AgNO_4$	2 g	蒸馏水	100 mL

待硝酸银溶解后,取出10 mL备用,向其余的90 mL硝酸银液中加浓氢氧化铵,则形成很浓厚的沉淀,再继续滴加氢氧化铵到刚刚溶解沉淀成为澄清溶液为止。再将备用的硝酸银慢慢滴入,则出现薄雾,但轻轻摇动后,薄雾状的沉淀又消失,再滴入硝酸银,直到摇动后,仍呈现轻微而稳定的薄雾状沉淀为止。如雾重,则银盐沉淀出,不宜使用。

11. 费氏及康氏(Fisher&Cohn)鞭毛染色液

A液:丹宁酸(10%的水溶液)	18.0 mL	$FeCl_3\cdot 6H_2O$(6%的水溶液)	6.0 mL
B液:A液	3.5 mL	福尔马林(40%甲醛)	2.0 mL
碱性复红(0.5%酒精溶液)	0.5 mL	浓盐酸	0.5 mL

染色前A液及B液分别过滤后,即可使用。

12. 刚果红染色液

刚果红(Congo red)	2.0 g	蒸馏水	100.0 mL

13. 稀释结晶紫染液(用于放线菌染色)

结晶紫染色液(同3)	5.0 mL	蒸馏水	95.0 mL

14. 石炭酸藻红染色液

藻红(erythrosin)	1.0 g	石炭酸	5.0 g
蒸馏水	100 mL		

将石炭酸溶解在蒸馏水中，然后加入藻红，使之溶解。

15. 碘液(用于酵母菌染色)

碘	2.0 g	碘化钾	4.0 g
蒸馏水	100 mL		

配制方法参阅 4。

16. 乳酸石炭酸棉蓝染色液(用于真菌制片，短期保存)

石炭酸	10 g	乳酸(比重 121)	10 mL
甘油	20 mL	蒸馏水	10 mL
棉蓝(cotton blue)	0.02 g		

将石炭酸加入蒸馏水，加热溶解，再加入乳酸和甘油，最后加入棉蓝，溶解即成。

17. 甘油明胶封片剂

甘油	35.0 mL	明胶	5.0 g
蒸馏水	30.0 mL		
石炭酸	1.0 g(每 100 mL 甘油明胶中添加量)		

先将明胶水中浸透，加热至 35 ℃，熔化后，加入甘油及石炭酸搅和，用纱布过滤。

18. CAS 检测液

取 10 mmol/L 十六烷基三甲基溴化铵(CTAB)溶液 30.0 mL 至 500 mL 容量瓶中，并用双蒸水稍作稀释。再将 7.5 mL 1 mmol/L $FeCl_3$ 溶液与 37.5 mL 2 mmol/L铬天青(CAS)溶液的混合液沿着玻璃棒加入至上述容量瓶中。称取 21.535 g 无水双二甲胺(哌嗪)溶解于约 150 mL 双蒸水中后，加入约 30.75 mL 12 mol/L HCl，调节 pH 为 5.6，此时得到 $pH=pK_a=5.6$ 的缓冲液，将此缓冲溶液转移至前述容量瓶中，加入双蒸水定容至 500 mL，备用。

19. Salkowski's 反应液($Fe\text{-}HClO_4$ 混合液)

1 mL 0.5 mol/L $FeCl_3$ 溶液加入到 50 mL 35% $HClO_4$ 溶液中，混合均匀。

20. 钼锑贮存液

将 181 mL 浓硫酸缓缓加入到约 700 mL 水中(若硫酸钼锑抗酸度为 3.75 mol/L，应加 208.3 mL)，然后将 20.00 g 钼酸铵溶于此温热的酸溶液中；另称 0.5 g 酒石酸锑钾，用少量水溶解后并入上述钼酸铵溶液中，冷至室温，定容至

1 000 mL，此即为钼锑贮存液(酸度为 3.25 mol/L 硫酸)。

临用当天，称取 1.5 g 左旋抗坏血酸，溶于 100 mL 钼锑贮存液中，混匀，即得浅黄色的钼锑抗显色剂(此配制方法可避免水中可溶性硅的干扰)。

21. VP 甲液(6% α-萘酚乙醇溶液)

6 g α-萘酚溶解于 100 mL 无水乙醇。

22. VP 乙液(40% NaOH)

40 g NaOH 溶解于 100 mL 水中。

23. 甲基红试剂

甲基红 0.02 g，95%乙醇 60 mL，水 40 mL。

24. 吲哚试剂

2 g 对二甲基氨基苯甲醛加入 190 mL 95%乙醇中溶解，再加入 40 mL 浓盐酸，避光保存。

附录Ⅲ　更多操作视频

1. 平板划线法——分区划线

2. 摇瓶接种

3. 倾注平板

4. 固体培养基配制

5. 牛肉膏蛋白胨培养基配制

6. 全自动灭菌锅的使用

7. 手持培养皿方法

8. 常用物品上微生物检查

9. 洗手前后手指微生物检查

10. 头发微生物检查

11. 咳嗽时微生物检查

12. 细菌基因组 DNA 提取

13. 过滤除菌

参 考 文 献

[1]沈萍,陈向东. 微生物学实验. 5 版 . 北京:高等教育出版社,2018.

[2]徐德强,王英明,周德庆. 微生物学实验教程 . 4 版. 北京:高等教育出版社,2019.

[3]钱存柔,黄仪秀 . 微生物学实验教程 . 2 版. 北京:北京大学出版社,2013.

[4]辛明秀,黄秀梨 . 微生物学实验指导 . 3 版. 北京:高等教育出版社,2020.

[5]赵斌,何绍江 . 微生物学实验 . 2 版. 北京:科学出版社,2014.

[6]牛天贵 . 食品微生物学实验技术 . 2 版. 北京:中国农业大学出版社,2011.

[7]李顺鹏 . 微生物学实验指导 . 2 版. 北京:中国农业出版社,2015.

[8]杨鑫 . 微生物学实验指导. 北京:高等教育出版社,2021.